# 木材学 応用編

## Wood Science ・Applications・

日本木材学会 [編]

海青社

# 木質構造

木造 11 階建てビル

枠組壁工法による 5 階建て特養ホーム

# 木質構造

CLTパネル工法による5階建て建物（振動台実験）

混構造による中大規模木造建築物

# 木質建材

スギの単板

MLP（超厚合板）（上）とCLT（直交集成板）（下）

構造用合板厚さ12mm（上）と厚さ24mm（厚物合板）（下）

木質ボード類とエレメント（上からパーティクルボード、OSB、MDF）

# 木質建材

製材品の曲げ試験の様子

製材品の曲げ破壊の様子

# 乾　燥

スギ丸太の輪掛け乾燥（天然乾燥）の様子
（写真提供：（株）トライ・ウッド）

スギ心持ち柱材の天然乾燥によ
る表面割れ

製材品の天然乾燥の様子

# 乾　燥

高温乾燥装置によるスギ柱材の乾燥の様子(1)

スギ心持ち柱材の高温乾燥による
内部割れ

高温乾燥装置によるスギ柱材の乾燥の様子(2)

## 木材加工

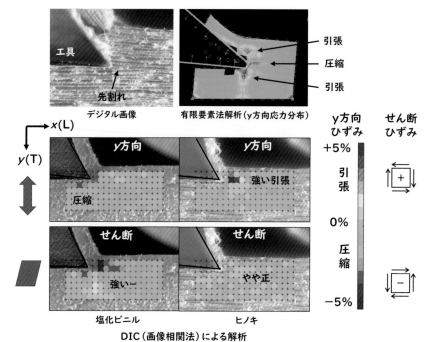

木材切削過程の実験的解析と有限要素法によるシミュレーションの例（Matsuda *et al.* 2018 より作成）

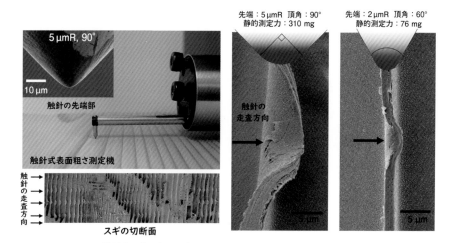

触針式の表面粗さ測定における表面部の損傷（藤原裕子氏作成）

触針によって細胞壁などが変形するため、真の表面形状を把握することは難しい。近年ではレーザ光を用いた非接触での計測が主流になりつつある。

# 木材加工

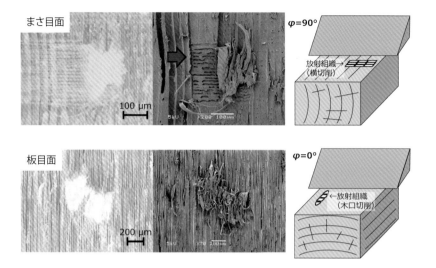

切削時の毛羽のマイクロスコープによる撮影画像とSEM画像（古川ら2018より作成）
刃先角：25°、SEM画像中に見られる放射組織の一部を赤矢印で示した。縦切削においても放射組織は、横切削や木口切削となり毛羽の要因となる。

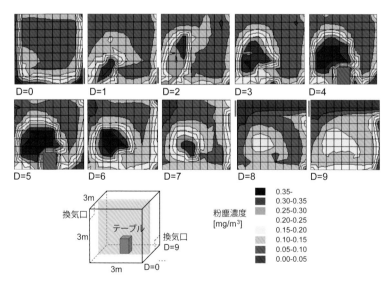

加工室内の中央で木材を研削した時の浮遊粉塵濃度分布の時間変化のシミュレーション結果の例（研削開始30分後）（川野2002より作成）
換気口を通じた空気流によってテーブル上方で発生した粉塵は飛散し、室内の浮遊粉塵濃度の分布（各鉛直面内）は変化する。

## 品質管理と非破壊計測

曲げ荷重式機械等級区分装置による柱材ヤング率計測の様子（写真提供：飯田工業（株））

マイクロ波
送信部

マイクロ波
受信部

マイクロ波式木材含水計による柱材含水率計測の様子（写真提供：（株）エーティーエー）

## 品質管理と非破壊計測

応力波伝播時間測定装置を用いた立木のヤング率
計測

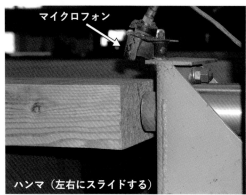

打撃振動式機械等級区分装置のハンマ
およびマイクロフォン

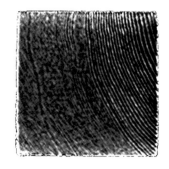

X線CT法による木材内部のCT画像（左）と含水率分布画像（右）
（写真提供：渡辺 憲氏）

## 五　感

多彩な木材色
木材色の多くは黄赤系の比較的限られた色相範囲に属している

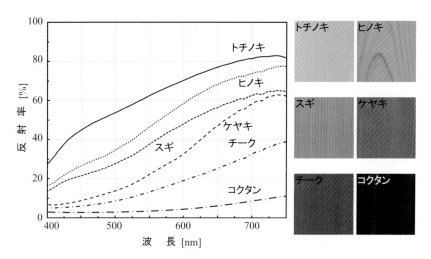

可視光域における木材の分光反射率
木材は黄赤系の色知覚につながる波長の光をよく反射する

## 五　感

波状杢に現れる照りの移動（矢印は光の入射方向）
光の入射方向が変わると、トチノキの波状杢の明暗の位置が移動する

木材の粗滑感の評価実験
左：見ないで擦る実験　材面を見ずに擦りなが
　　ら、触り心地をタブレットPCに入力する。
右：見ながら擦る実験　材面を見て擦りなが
　　ら、触り心地をタブレットPCに入力する。

## 燃焼性と難燃・不燃

２時間の耐火試験後の燃え止まり型耐火集成材
無機被覆型CLT床と難燃処理木材タイプの梁からなる試験体。右上は梁の切断面で、中央の
色が薄い部分が荷重支持部。

燃え止まり型（難燃処理木材タイプ）の耐火集成
材柱の２時間耐火試験の様子

# 生物劣化と耐久性

イエシロアリの職蟻と兵蟻

床束から大引きに進展した蟻道

住宅壁内の水分による壁下地材
や構造材の腐朽

柱に発生した甲虫の食害

## 木材用接着剤

ユリア樹脂接着剤

フェノール樹脂接着剤

p-MDI接着剤

## きのこと菌類

タマゴタケ

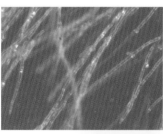

オオウズラタケ
の菌糸

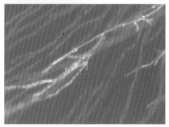

カワラタケの菌糸

木材腐朽菌の菌糸
細い糸状の菌糸で、集合状態では白い綿状にみえる。菌糸に
はクランプが確認できる。（写真提供：藤原裕子氏）

# まえがき

　一般社団法人日本木材学会は、1955年に設立された日本学術会議協力学術研究団体であり、その設立目的を「木材をはじめとする林産物に関する学術および科学技術の振興を図り、社会の持続可能な発展に寄与すること」としており、さまざまな活動を通して木材に関する基礎および応用研究の推進と研究成果の社会への普及を図っています。

　時代とともに、社会における「木材」そして「木材学」の立ち位置は変化し続けています。近年では、「Sustainable Development Goals（SDGs; 持続可能な開発目標）の達成」と「脱炭素社会の構築」への取り組み、そして、資源・環境と生産活動とのバランスの観点から木材が再認識され、建築や材料などの分野で新たに木材利用に取り組む研究者、技術者、学生や行政関係者が増え、これらの方々に対して木材に関する基本的で正確な知識や情報をわかりやすく提供する必要性が認識されています。

　さらに木材に関する研究もこの十数年間に発展・深化し、既往の木材関連の研究者にとっても改めて基礎から最先端に至るまでの木材に関する知見をまとめた書籍の必要性が認識されつつあります。

　このような背景のもとで、日本木材学会では新たな基本教科書の出版を企画し、同学会木材教育委員会が編集委員会となって、編集・執筆に当たってきました。本書が目指すのは、

1) 木材学の導入的教科書であり、木材に関する基本的で重要な知見が、正確かつ網羅的に説明されていること。
2) 樹木（資源）から木材（原料・材料）へ、さらに各種製品への流れにおいて、木材の基本的性質（生物学的、化学的、物理的）がどのように生かされ、相互に関連しているのかを理解できるような教科書であること。
3) さまざまな分野の研究者、技術者、学生、行政関係者などが木材を理解するための書籍でもあること。

4) 高校程度の知識があれば理解でき、大学など教育の場で使いやすい内容
と体裁であること。

といった観点であり、さらに、木材学会ホームページを通じて公開予定の「木
材学用語集」との併用や、電子書籍化、将来の国際化版も視野に入れて編集さ
れました。大学および研究機関の第一線で活躍しておられる方々が、汎用性と
専門性を加味して執筆くださいましたが、その情報量は当初想定したものの倍
量となったため、「基礎編」と「応用編」の2巻構成となりました。木材学に関
わる方々、そして他分野の方々に、幅広く活用いただければ幸甚です。
　最後に、木材教育委員会および編集委員会委員長の京都大学教授藤井義久氏
および委員各位、執筆者各位に心からのお礼を申し上げるとともに、本書出版
計画にご尽力いただいた海青社の宮内　久氏および福井将人氏に深甚の謝意を
表します。

2023 年 3 月

一般社団法人日本木材学会

会長　土川　覚

# 木材学《応用編》

## 目　次

本書に掲載した写真には提供者名を記載しています。
記載のない写真は著者・編者の提供によるものです。

## ―――― 基礎編／目次 ――――

# 序　森林が人間に与えてくれるもの、そして人間が森林に還すもの

## 森林が人間に与えてくれるもの

　人間の生活史を振り返ると、近現代にいたるまで、私たちは生活に必要なもののほとんどを、身近な自然から与えられ、また調達してきた。森林からは、新鮮な空気（酸素）、清らかな水を与えられ、また食料となる動植物、薪や炭といった燃料源、繊維質・紙の原料、薬品、そして住宅、家具や道具の原料となる木材を調達してきた。産業技術が発達した現代では、森林は多くの項目で原料の調達源ではなくなったが、依然として建築用材や紙の原料となる木材の供給源としては重要な位置を占めている。

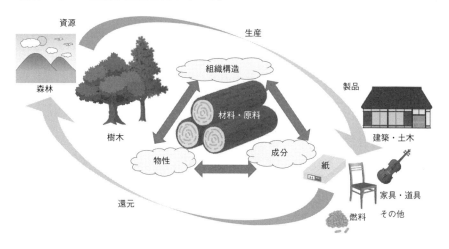

## 木材の特性とその利用技術の進化

　木材には様々な特性がある。植物細胞由来の材料として、その組織学的特徴や各種の成分は、材質や物性に大きく影響している。またそれらの特性が加工・利用技術の発達にとって重要な役割を演じてきた。

　木材は、多孔性であるが、実質部分を構成している細胞壁は結晶化した天然の糖質であるセルロースで構成されており、低比重なわりに強い。また木材は

適度な断熱性や遮音性能を有し、さらに質感に優れる、などの特性を有している。

　木材には、燃える、という欠点もあるが、その一方で、熱源として確保・管理しやすく、さらに燃焼時には有毒なガス類を発生することはない。また樹木が自ら耐久性を付与するために発生させた心材部分からなる木材は、耐久性を有する。その一方で、木材は菌類や昆虫類によって生物劣化を起こすが、地球規模での物質循環においては、生物分解により無理なく環境に還元できる材料であるともいえる。

　木材は、利用に際しては乾燥が必要であり、これには多くのエネルギーを必要とし、また含水率によって物性が変化する。また吸放湿特性に優れ、調湿効果があるが、それにともなう寸法の不安定性がある。繊維方向には簡単に割れるため切る・削るといった加工をしやすい面があるが、細胞組織に由来する異方性のために加工しにくい面もある。

　どのような材料にも長所と短所は存在する。材料がもっているのは上述のような特性であり、状況によって、これらの特性は、長所に見えたり、短所に見えたりしているだけである。単一の性能だけみれば、木材よりはるかに優れた材料は多数ある。一方、木材は、各性能では最高位を得ることはないが、いずれの性能でみても劣っているわけではなく、総合的にバランスのとれた性質の材料といえる。木材は、天然が育んだ至高の材料である、といえる。

　先人たちは、その知恵と経験を駆使し、木材の欠点を補いながら長所を生かす技術を開拓してきた。また近代以降は、機械や建築技術、石油化学などの進歩と相まって、規格品の大量生産に向いた木質材料の開発も進んだ。その結果、建築や家具用としては、軸状の材料だけでなく、ボード類などの面状材料の用途がひろがった。さらに現代では、セルロースやリグニンなどの構成成分の性質に注目した新規な用途開発が進みつつある。

## 木質資源利用の近現代における転換

　19世紀以降の産業技術の発達にともない、人類が使用する材料やエネルギーの消費量は飛躍的に拡大した。この間、先進国を中心にエネルギー源としては、石油、石炭やLNGといった化石資源への依存度が増した。一方、途上国を中

心に人口増加による食料確保のための森林伐採も進んだ。また、鉄鋼、非鉄金属、プラスチックや窯業系材料など、多くの品質管理された工業材料が開発されるようになり、工業化社会にあっては木材のプレゼンスは相対的に低下してきた。

その一方で、地球温暖化抑止の観点から、化石資源の利用の抑制が求められる中、木質資源の有効性が、現代では再認識されつつある。

## 木質資源の量、有効利用と資源循環に向けて

FAO（国際連合食糧農業機関）の統計資料によると、地球上の森林面積は、約40.6億haであり、陸地面積の31％の面積を占める。森林面積は微減傾向にあるが、減少速度は近年鈍化している。人工林は、森林面積の約7％（2.9億ha）を占める。森林資源の蓄積量は5,570億m³、総炭素蓄積量は662ギガトンであり、森林の単位面積あたりのこれらの蓄積量は増加傾向にある。また日本については、森林資源の蓄積は2012年3月末現在で約49億m³であり、このうち人工林は約6割の30億m³を占めている。

森林資源の循環的な利用のためには、成長量に対する供給量（消費量）の割合を指標とする必要があるが、世界規模でこの指標を正確に知ることは難しい。しかし、日本については、森林全体では年間7,000万m³の成長量に対して、供給量は2,714万m³であり、そのうち人工林については、成長量4,800万m³に対して供給量1,679万m³である。このことは日本では、森林資源を循環的に利用できる状況にあることを意味する。

## そして人間が森林に還すもの

しかし、量的に十分だからといって、森林資源を自由奔放に利用してよいわけではない。資源の持続的利用、環境とその多様性の保全などの観点から、限られた木質資源を有効に長期にわたって利用する技術やシステムを構築することが求められている。さらにまたあらゆる製品について3R（Reduce、Reuse、Recycle）が求められる中、炭素固定への寄与を多角的に推進するために、森林から与えられた木質資源を、炭素循環を通じて森林に還元する社会を構築することが求められている。

　このことを真に実践するためには、森林や木材の専門家もそれ以外の方々もあらためて木材の特性を深く、また多角的に学び、その本質を理解することが重要である。

## 本書の性格と役割

　以上のような状況を背景に、森林科学・林産学分野の研究者、技術者や学生だけでなく、他分野の方々や行政関係者などが、木材の基本的で重要な事項を理解できる書籍として本書を企画した。

　本書を構成する各章は、樹木（資源）から木材（原料・材料）へ、さらに各種製品への流れにおいて、木材の基本的性質（生物学的、化学的、物理的）がどのように生かされ、相互に関連しているのかを理解できるように構成した。また本書は、読者が木材の本質を理解でき、木材に興味を持てるように工夫した。

　また本書は、木材学の導入的教科書として位置付けることができ、その構成や内容については、木材に関する基本的で重要な知見が、正確に網羅的に説明されるように配慮した。また高等学校程度の知識があれば理解できる教科書となるように、さらに大学などの基礎教育の場や、企業における教育などでも使いやすい内容と体裁となるよう努力した。

　本書は書籍（冊子体）としての出版形態だけではなく、電子版でも提供し、読者がブラウザの機能を用いて読むことができ、学習教材としても利用しやすい教科書とした。またページ数に限りがあるため、基本用語の定義や説明は、別途日本木材学会が編集し、そのホームページを通じて公開する「木材学用語集」とあわせて利用できるように工夫した。とくに本書（冊子体）の索引にある基本的で重要な用語は、用語集で確認できるだけでなく、本書の電子版については、教科書中の重要語が、用語集とリンケージされていて、読書中にこれをクリックすると、ブラウザを通じて用語集と連動させて利用できるように編集した。

# 10章 木質構造

## 10.1 木造建築構法の種類と概要

　木造建築には様々な構造形式があるが、代表的なものとして軸組構法、枠組壁工法、木質プレハブ工法、丸太組構法、CLTパネル工法の5つを紹介する。更に、近年増えつつある中大規模木造建築物についても簡単に紹介する。

### 10.1.1 軸組構法(在来構法)

　軸組構法住宅は、古くは中国大陸から伝来し寺社建築などを経て武家屋敷や京町屋などとして発展した構造形式で、日本では最も広く普及している構法である。木造住宅市場に限って言えば、全体の7割以上はこの軸組構法によって建てられている(住宅着工統計 2021)。構造材として用いる木材・木質材料は細長い軸材料が中心で、土台、柱、梁・桁材などにより架構(骨組み)を形成し、そこに合板などの面材料を張って床や壁、屋根を構成することで建物を造っていく(図10-1)。

　元々この軸組構法は大工の手刻みによって接合部を加工していたが、近年の加工技術の進展によりプレカット工場で予め加工された材料を現場に搬入し組み立てていく方法に代わっており、接合金物の併用などとも合わせ、従来の軸組構法とは全く違う構法に進化している。また

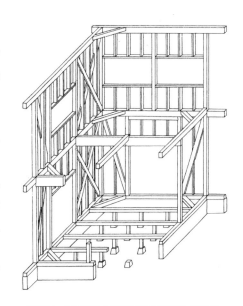

図10-1　軸組構法の構成(日本建築学会 1995)

軸組材に関しても、加工精度や含水率変動による乾燥収縮あるいは表面割れを防ぐ観点から、きちんと乾燥された構造用製材や構造用集成材、構造用単板積層材などの各種木質材料の利用が増えている。

　軸組構法の構造形式の特徴は、自重や積載荷重などの鉛直荷重に対しては軸組材による架構が抵抗し、地震力や風圧力などの水平荷重に対しては壁構面や床構面が抵抗する点にある。そのため、日本のように地震と台風に対する安全性を重視する国では、斜材である筋かいを入れたり合板などを張った耐力壁を適切に配置する必要がある。耐力壁は、筋かいの断面や面材の種類、留め付けるくぎの間隔などにより壁の相対的な強さ（壁倍率）が定められており、壁倍率と壁長さの掛け算で耐力壁の量（壁量）を求めることが可能である。この壁量に関しては建築基準法で最低限必要な量（必要壁量）が定められており、これ以上の壁量を確保することと、それらを建物内にバランスよく配置することで安全性を担保するようになっている。

### 10.1.2　枠組壁工法（ツーバイフォー構法）

　枠組壁工法は、北米で普及していたバルーン構法やプラットフォーム構法が日本向けに改良されて導入されたものであり、2×4インチ（現在は38 mm×89 mm）を基本寸法としたディメンションランバー（枠組材）を組み合わせて枠組みを作り、そこに合板などの面材料を釘打ちしてパネルを作り、そのパネルで壁や床を構成して家を建てていく工法である（部材断面から"ツーバイフォー構法"とも言われる）（**図10-2**）。軸組構法のような柱・梁を持たず、壁パネ

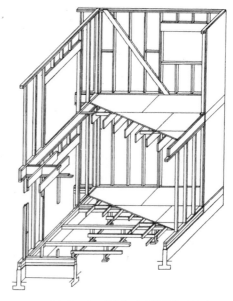

**図10-2**　枠組壁工法の構成（日本建築学会 1995）

ル・床パネルが鉛直荷重と水平荷重の両方に抵抗する壁式構造であり、「壁工法」という名称がつけられている。1974（昭和49）年に建設省の技術基準告示が公布されてオープン化され、全国の工務店で建設が可能になり、その後徐々に建設棟数を伸ばして現在は木造住宅市場の2割強のシェアを誇っている。

　使用する材料は、枠組壁工法構造用製材、構造用集成材、構造用単板積層材など、製造や品質管理方法が規定されている材料しか使用することができない。また、面材に関しては構造用合板をはじめとする各種木質系面材料が使用可能である。元々北米から輸入されてきた構法であるため使用する製材もほとんど輸入材に頼ってきた枠組壁工法であるが、近年の国産材需要拡大の施策やウッドショックなどの影響もあり、スギ、ヒノキ、カラマツの3樹種の枠組材が国内でも生産されるようになり、その強度特性についても国土交通省の基準強度が新たに指定されるなどして、徐々に使用量が増えてきている。

　施工方法については、元々は現場でパネルを作って建て起こしながら組み立てていく方法であったが、近年は工場で予めパネル化したものを現場に搬入し、パネル同士を緊結していく方法が主流となっており、工期の短縮化にも成功している。また、各部の施工仕様についても国土交通省告示で細かく規定されているため、枠組壁工法建築物の耐震性や安全性は非常に高く、また品質も高いレベルで安定している。

## 10.1.3　木質プレハブ工法（木質パネル構法）

　プレハブ工法とは、専用の工場で予め作られた建築構成部材を建築現場に搬入し組み立てる構造方法のことをいい、工場生産のため製造条件を一定化でき品質管理しやすいなどの利点がある。木質プレハブ工法は昭和30年代半ば（1960年前後）から開発されたもので、合板を枠材に接着したパネルで建物を構成する壁式構造のことを指し、「木質パネル構法」あるいは「木質パネル接着工法」などとも呼ばれる（図10-3）。現在は大手住宅メーカー2社がこの木質プレハブ工法を展開している。ちなみに、前項の枠組壁工法でも工場で壁ユニットあるいは箱型ユニットを組み上げ、それを現場に搬入して組み合わせるだけのプレハブ工法的な建設方法を採用しているところもあるが、歴史的な背景もあって接着パネルを用いたもののみを「木質プレハブ工法」という。

　使用する材料は枠材と面材が接着
された"木質接着複合パネル"であ
る。接着を確実に行えれば被着材同
士を一体化させることが可能で、枠
組壁工法の釘打ちパネルよりも小さ
い部材断面で高い剛性・強度を発揮
させることが可能である。そのため、
プレハブ工法に用いる枠材断面や面
材厚さは一般的な枠組壁工法の枠組
材や面材よりも若干小さい（薄い）も
のを使用している。また、パネル同
士をつなぐための柱部材、あるいは
床を構成するための梁部材として構
造用集成材や構造用単板積層材も使
用される。

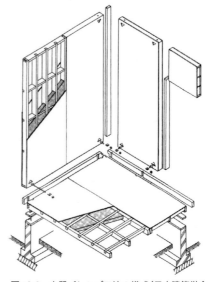

図10-3　木質プレハブ工法の構成（日本建築学会 1995）

### 10.1.4　丸太組構法

　丸太や製材を横積みして作る構造を丸太組構法という（**図10-4**）。日本には東
大寺正倉院のように校倉の倉庫が残っており、欧州の古い民家が丸太組構法
でできているなど、世界的に古くから利用されてきた構法である。木材（校木<sup>あぜき</sup>、
ログ）はかつては丸太が多かったが、現在は四角形に製材したもの（角ログ）が
多い。この横積みされた丸太が鉛直荷重にも水平荷重にも抵抗する壁式構造で
あるが、丸太同士がずれないように丸太同士の間にダボを挟んだり、壁の上下
をボルトで緊結したりする必要がある。また、経年と共に鉛直荷重による木材
の横圧縮変形や乾燥収縮により壁の高さが数cm低くなる現象（セトリング）が
起こることが知られており、これに対応するため、ドアや窓などの上部に予め
隙間を設けておく必要があるといった特徴がある。

### 10.1.5　CLTパネル工法

　日本で最も新しい木造建築構法がこのCLTパネル工法である。直交集成板

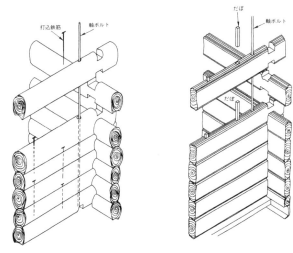

図10-4 丸太組構法の構成（日本建築学会 1995）

（CLT）は大判の木質面材料であるが、そのCLTが鉛直荷重にも水平荷重にも抵抗するため、壁式構造の一つでもある（図10-5）。基本的に柱および壁（壁柱ともいう）をCLTで構成し、床構面や屋根構面にはCLTを用いなくても良い。

CLTは2000年代に欧州で技術開発が進んだ材料であるが、2011年以降に日本でも技術開発研究がなされ、2016年に国土交通省告示でCLTパネル工

図10-5 CLTパネル工法による5階建て建物

法が規定されてCLTを使った建築物が建設できるようになった。元々世界的には大型の木造建築物に使用されることも多いCLTであるが、日本でも住宅のみならず、低層の事務所建築などにこのCLTパネル工法が使われている。

### 10.1.6　中大規模木造建築物

　木造建築物の構法は基本的に住宅を対象としたものが多いが、建物規模という点で中大規模木造建築という分野が存在する。中大規模の木造建築物は、1960年前後を中心に1,000棟近くの集成材建築（約2/3が体育館）が建てられたが、法規制の強化や鉄骨造の普及などにより1966年頃をピークに激減してしまった。その後、1987年の建築基準法改正によって燃えしろ設計が可能になったあたりから再び建築事例が増えてきて、大館樹海ドームなどのドーム建築、あるいは愛媛武道館などの大型運動施設が大断面集成材を用いて建設された。

　一方、2000年の建築基準法改正による性能規定化、あるいは2010年の「公共建築物等における木材の利用の促進に関する法律」の公布・施行により、庁舎や学校、あるいは事務所ビルといった建物を木造化する動きが強まっている。構造形式としては、軸組構法を大型化した集成材建築物が最も多く、枠組壁工法や木質プレハブ工法でも中大規模建築物が建てられている。いずれも住宅より高い耐震性能や防耐火性能などが求められるため、部材の大型化、高強度化、高耐久化が必須であり、様々な技術開発が現在でも進行中である。これらの開発成果として高強度耐力壁、耐火集成材、大断面部材によるラーメン架構など

(a) 木造11階建てビル　　　　　　　(b) 混構造による大規模公共建築物

図10-6　中大規模木造建築物の例

が実用化されてきており、近年では純木造による11階建てのビルが建設されたり、鉄骨造や鉄筋コンクリート構造との混構造による大規模公共建築物等が次々に建設されるようになってきている（図10-6）。

## 10.2 部材と接合

### 10.2.1 木質構造に用いられる様々な部材

木質構造物に用いられる部材としては、構造材として製材や各種木質材料を単体で用いるもの（柱・梁、枠組材、面材など）以外に、複数の木質材料を一体化した複合部材や、地震などの外力に抵抗するための耐力壁・水平構面といった組立部材も存在する。ここではそれらの概略を解説する。

### (1) 単体の構造材

木造建築物の構造材として用いる部材には、構造用製材、構造用集成材、構造用単板積層材（構造用LVL）、直交集成板がある。これらは日本農林規格（JAS）により製造方法が規定されており、さらに国土交通省より材料強度（基準強度）が指定され、構造計算に用いることができる材料である。この他に、構造用合板、構造用パネル（OSB）、構造用パーティクルボード、構造用MDFといった面材料も木造建築物の壁や床などに用いられる重要な部材であるが、こ

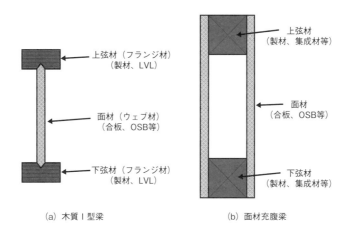

(a) 木質I型梁　　　　　(b) 面材充腹梁

図10-7　複合部材であるI型梁と充腹梁の断面構成

れらには国土交通省による材料強度の指定が無く、後述の耐力壁や水平構面として性能を基に建築物に適用されている。

## (2)　一体化した複合部材

複合化した構造材としては、上下弦材に製材または単板積層材を用い、その間に合板またはOSBを挟んで接着により一体化した木質I型梁(Iジョイスト)が代表例である(**図10-7**)。これは床根太などに用いられる部材で、断面積を減らしつつ曲げ剛性を確保できる部材として活用されている。面材充腹梁も同様で、製材などで梯子梁を作り、そこに合板などの面材料を接着(くぎ打ちする場合もある)したものである。梁せいを抑えつつ高い曲げ剛性を発揮する部材として、特に長スパンの梁が必要な中大規模木造建築物などで利用されている。これらはいずれも接着により複数の材料を一体化させていることが特徴であるが、建築物の構造材として用いるためには、接着部分の品質管理と各種材料試験による強度性能評価が欠かせない。

## (3)　耐力壁と水平構面

木造建築物が地震や台風などの水平外力に抵抗するためには、柱や梁を太くするだけでは不十分で、筋かいを設けたり合板をくぎ打ちした耐力壁を必要量設けることが必要である。耐力壁には(a)土塗り壁、(b)筋かい壁、(c)面材張り壁、(d)面格子壁などの種類があり、筋かいの断面や面材の種類、釘打ちの方法などによって異なる壁倍率が設定されている(**図10-8**)。水平構面とは床や屋根のことを指し、こちらも梁組みに面材を釘打ちした構面で地震や台風によ

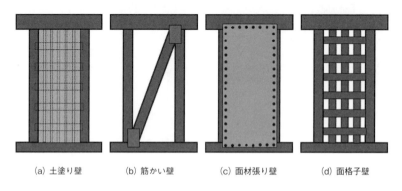

(a) 土塗り壁　　　(b) 筋かい壁　　　(c) 面材張り壁　　　(d) 面格子壁

**図10-8　主な耐力壁の種類**

る水平荷重を各耐力壁線に伝達させる役割を持つ。梁組みの上に根太を掛けて面材を釘打ちする方法や、根太を落とし込んで梁組と面一にしたうえで面材を釘打ちする方法、厚さ24 mm以上の厚物合板を梁組に直接くぎ打ちする方法など、様々な剛性を有する構面を作ることが可能である。

### 10.2.2　木質構造における接合

接合部は、木造建築物にとって最も重要な部位であると言っても過言ではない。それは、木造建築物の場合、材料の強さよりも接合部の強さの方が低い場合がほとんどであり、接合部を有する部材や構造体の強度試験を行うと、ほぼ確実に接合部で破壊に至るためである。そのため「木造の設計は接合部で決まる」とよく言われている。本項では、木質構造において基本的で代表的な接合方法について概略を紹介する。

#### (1)　木材同士による接合（嵌合接合）

木造建築物（特に軸組構法）では、継手・仕口と呼ばれる木材同士の接合が古くから使われてきた（**図10-9**）。2つの材をうまく嵌合させることで、引張やせん断などの外力に対し抵抗する接合部を作ることができる。かつては大工の手加工で刻んでいたが、近年は機械プレカット（14章参照）が主流となり、加工スピードが大幅に上がり大量生産が可能になっている。

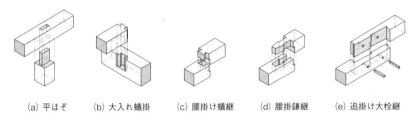

(a) 平ほぞ　　(b) 大入れ蟻掛　　(c) 腰掛け蟻継　　(d) 腰掛鎌継　　(e) 追掛け大栓継

**図10-9**　代表的な継手・仕口（日本建築学会関連支部 2008）

#### (2)　金物を用いた接合（機械的接合）

金物は、現在の木質構造にとってなくてはならないものである。前述の継手・仕口や筋かい端部に用いる補強金物だけでなく、金物自身が継手仕口の役割を果たして金物無しでは接合部が成り立たないような構造金物まで、その種

類や用途は多岐にわたる。住宅用の接合金物は(公財)日本住宅・木材技術セン
ターが認証するZマーク金物や、第三者機関で性能評価を受けた金物類が数多
く販売されており、接合部に必要な性能に合わせて金物を選択することができ
る。一方、中大規模木造建築物では建物ごとに接合部を設計する場合が多く、
特殊な形状の金物を製作して使用することが多い。

　金物を用いた接合の場合、金物と木材を接合する部分には釘や木ネジ、長ビ
ス、ボルト、ドリフトピン、ラグスクリューといった各種接合具を使用する。
これらは総称して"曲げ降伏型接合具"と呼ばれ、接合具の降伏耐力などを計
算で予測できることから、現在の木質構造の設計で多用されている。適切な金
物と接合具の組み合わせにより、高い剛性・耐力と粘り強さを兼ね備えた接合
部も設計することが可能である。

**(3)　接着による接合(接着剤充填接合)**

　接合部に用いる接着とは、木材と鋼材の間にできた隙間に接着剤を充填させ、
それが硬化することで両者を一体化させる接合方法で、一般的にGIR接合(グ
ルード・イン・ロッド接合)と呼ばれる。GIR接合は、木材に先孔をあけてそこ
に異形鉄筋もしくはボルトなどを挿入し、その周りをエポキシ樹脂接着剤など
で充填する接合方法である。非常に高い剛性を発揮する反面、終局時に木材側
が破壊して粘りの無い挙動になることが多いため、鋼材が先に降伏して変形す
るような接合部を設計する事が多い。

# 10.3　内装における木材利用

## 10.3.1　内装木質化とその意義

　2010年の「公共建築物等における木材の利用の促進に関する法律」などの社
会的な背景もあり、非住宅部門における建物の木造化が推進されている。それ
と同時に建物の内装に木材を使うことも増えてきている。「内装木質化」とは
一般に建物の構造材料に関わらず内装に木材や木質材料を使用することを指し、
そのような意味では木造の建物において構造を現しにすることも内装木質化に
含まれるはずである。しかし狭義には特に非住宅分野において非木造建築物の
内装に木材を導入することを指すことが多いようである。例えばオフィスや事

務所、病院や福祉施設、学校や幼稚園などの教育施設、店舗、ホテルや研修施設、駅舎や空港などにおいて、木質内装を導入する事例が増えている。

　内装木質化のメリットとしては、以下の5点が挙げられる。

**(1)　地球環境保全(木材利用一般として、カーボンニュートラル、SDGs等への貢献)**

木材利用全般に言えることであるが、木材を積極的に利活用することは炭素貯蔵や排出削減の効果を通して地球環境保全に繋がると考えられる(第1章3節参照)。

**(2)　建物の認証や補助金、顕彰制度**

内装に限らず建物への木材利用全般に言えるものであるが、木材利用が建物の認証に対して有利に働くケースがある(**表10-1**)。また自治体によっては内装に地域産材等を利用することに対して補助金を出していることがある。さらに優れた木造や内装木質化建物を表彰する制度などもあり、様々な面から内装木質化への取り組みが支援されている。

表10-1　建築物の認証制度の例

| 名称 | 概要 | 木材利用との関係性 |
|---|---|---|
| CASBEE-建築(新築)(日本) | 建物及びその周辺の環境を負荷と環境品質の観点から評価するシステム | ・資源項目において持続可能な森林資源を5段階で評価<br>・ライフサイクル評価の項目で、木材を含む建材の固有の数値によるLCCO₂評価<br>・SDGs評価項目としてLCCO₂削減の取組実施、持続可能な森林産出の木材使用、地域性のある素材の使用等を評価 |
| LEED(US Green Building Council) | 建築や都市の環境に関する性能評価システム | ・材料と資源の項目において認証材の評価区分あり<br>・基準となる建物からの削減率によって加点あり |
| DBJ Green Building 認証(日本政策投資銀行) | 環境・社会への配慮がされた不動産、所有・運営事業者を対象とした評価システム | 以下の5項目が加点評価される<br>1. 木材使用量が一定値以上<br>2. 木質材料の活用による断熱性向上<br>3. 木造建物の長寿命化に向けた取組実施<br>4. 地域産材等の活用<br>5. 木質材料特有の取組を含む長期修繕計画の策定 |

(林野庁令和3年度CLT・LVL等の建築物への利用環境整備事業より作成)

**(3)　企業イメージ向上、投資・株主への対応**

内装に木材を使って環境貢献を「見える化」することにより、その企業のイメージが向上する可能性が挙げられる。建築物の設計や施工の担当者、発注

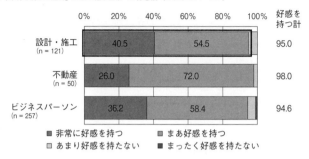

■ 「木造」、「木質」に取り組む企業への好感度（設計・施工、不動産）
■ 「木材を使った建物」に取り組む企業への好感度（ビジネスパーソン）

**図10-10　木造、木質化に取り組む企業への好感度**
（日経クロステック　2022年2月3日掲載（資料：日経BP 総合研究所））

者となる不動産業の従事者、建築物を利用する立場のビジネスパーソンを対象とした「建築物への木材の利用に関する調査」（日経BP 2021）では、どの立場でも木造・木質に取り組む企業に対して「非常に好感を持つ」「まあ好感を持つ」の合計が90％を超えていた（**図10-10**）。同調査の別の設問で木造・木質建築物のイメージについて「森林資源を有効活用できる」、「デザインが美しい」、「快適性が得られる」、「健康に配慮できる」といった選択肢の回答割合が高かったことから、このようなイメージが木造化、木質化に取り組む主体のイメージも向上させるのかもしれない。

　また近年は環境（Environment）・社会（Social）・ガバナンス（Governance）の観点を考慮に入れたESG投資という考え方が普及し、企業活動において環境に配慮した行動をすることが投資を呼び込むことに繋がる可能性がある。内装木質化は企業が環境に配慮していることを目に見える形で表す一つの手法となり得る。

**(4)　建物内環境への影響、人の心身への影響**

内装に木材が現しになっていることで、室内の温湿度、光、音、空気質に対する影響があると考えられる。また木材の見た目、手触り、においなどによる人への影響も研究されている（12章参照）。

**(5)　木造より取り組みやすい（部分的な内装木質化、改修など）**

建物に新たに木材を使おうとする際に、構造よりも内装の方が取り組みやす

い面がある。例えば既存建物の改修や、インフィルによる部分的な内装木質化などは、建物の木造化よりも容易に実現することができる。

一方で内装木質化には以下のような留意点も挙げられる。

**(1) 防火への配慮（内装制限）**

建築基準法により、病院、ホテル、劇場、映画館など、不特定多数の人が利用する施設等においては、「室内に面する部分の仕上げを防火上支障がないようにしなければならない」とされており、内装に使用できる材料に制限が設けられているので注意が必要である。

**(2) 空気質に関する配慮**

木材から放散するにおいは揮発性有機化合物（VOC）の一種であり、厚生労働省による総揮発性有機化合物量（TVOC）の室内濃度指針に配慮する必要がある。一方で次項に述べるように木材のにおいには人に対する良い影響があることも知られている。

**(3) メンテナンス、経年変化**

屋内において極端な温湿度変化や紫外線に曝されることがなければ短期間で激しい劣化が生じることは考えにくいが、長期的には色の変化などは起こり得る。木質内装を導入した多くの事例において日頃の清掃を行っており、また半年から1年ごとに専門業者によるメンテナンスを行っている例もある（日本住宅・木材技術センター 2022）。いわゆる「メンテナンスフリー」ではないことを導入者は認識する必要がある。

非木造建築物の内装木質化による木材使用量は同じ面積の木造建築物に比較すれば非常に少ないものと考えられるが、内装木質化は取り組みやすいことから木材需要に対する影響はそれほど小さくないと考えられる。例えば文部科学省の調査によると2020年度に整備された学校施設において39,572 m³の木材が使用され、そのうち36％が木造施設、64％が非木造施設の内装木質化等に使用されている（文部科学省 2021）。

## 10.3.2 建物内環境への影響

木材をある温湿度環境下に置くと、木材が吸着する水分と木材から脱着する水分が釣り合った平衡状態に達する。このときの含水率を平衡含水率という。

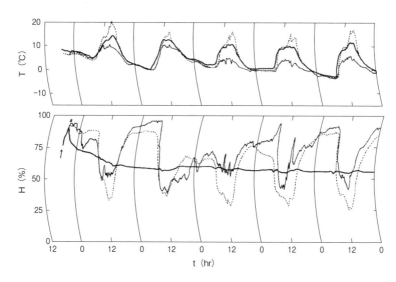

太線：合板内装、点線：ビニルシート内装、細線：百葉箱

**図10-11**　モデルハウスにおける室内温湿度の推移（1974年1月21日～26日）（則元ら 1977）

平衡含水率より低い含水率の木材（つまり乾燥した木材）は雰囲気下で平衡含水率に達するまで（見かけ上）水分を吸着し、含水率の高い木材は平衡含水率に達するまで（見かけ上）水分を放出する。空間内に十分な量の木材があると、湿度が高い場合は木材により空気中の水分が除去されるため湿度が低くなり、逆の場合は木材から水分が供給され湿度が高くなる。結果として室内に木材があると湿度が安定化することが知られている（**図10-11**）（則元ら 1977）。人間からの水分蒸発は室内の湿度上昇の大きな要因であるが、無垢の木材が現しになった部屋ではビニルクロスや塗装材で内装した部屋よりも人間が睡眠した際の湿度上昇が低かったとの報告もある（**図10-12**）（清水ら 2018）。他にも精油を抽出した後のスギ枝葉やスギ材チップを乾燥させたものが空気中のアンモニアを除去したとの報告がある（Nakagawa *et al.* 2016）。

　木材のにおいは木材が持つ抽出成分が材から空気中に放散されることによって生じる。抽出成分の構成は樹種に固有であり、これは木材のにおいが樹種に固有であるということを示している。居室内装に使用した木材からどのような

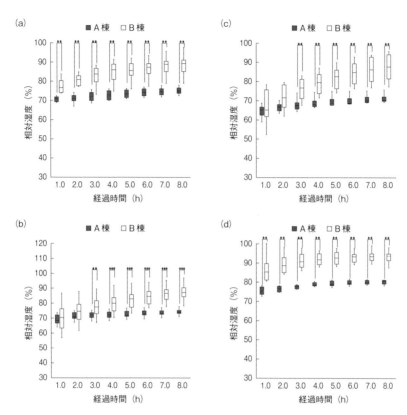

**図10-12** 内装の異なるモデル棟における湿度の推移（清水ら 2018）
A棟：スギ無垢材内装、B棟：塗装材・ビニールシート内装
a：2014年5〜6月、b：2015年1〜2月、c：2015年2〜3月、d：2015年6〜7月
注1：各箱ひげ図の中央線は中央値を示し、箱の下端・上端は第1四分位・第3四分位を、ひげの下
　　端・上端は最小値・最大値を示す。
注2：＊はA〜B棟間に有意差が認められたことを示す。
注3：A棟における相対湿度はB棟よりも常に低かった。

揮発成分がどのような速度で揮発するのかということは、その居室内の環境や
換気回数、部屋の使用状況などにより異なると考えられ、一概には言えない。
実験室にスギ内装を施して経時的に室内空気質を測定した実験によると、内装
木質化によりテルペン類の濃度が増加し、特にセスキテルペン類が多かった、
また施工直後から濃度が低下し、テルペン類の放散量は温度や湿度との相関が

認められなかったことが明らかになっている(松原 2019)。

　木材は短波長光を吸収し、長波長光を反射しやすいという性質を持つ。同じ広さで内装の異なる2つの居室で光環境を比較した研究では、ヒノキやスギを用いた木質内装居室の室内では木目プリント材、白色クロスを用いた対照居室よりも短波長域(紫外線、紫～青色可視光)の分光放射照度が低くなっていた(片岡 2015)。この研究では人工照明を使用せずに窓から入る光について測定を行っているが、木質居室では室内に入った光のうち短波長光が、内装に用いられた木材に吸収されたものと考えられる。具体的には紫色～青色の光が吸収されるため、室内の光が温かみのある色になるということになる。

　木材は軟らかく、床材として使用した際に足腰にやさしい、転倒した際の衝撃が小さい(衝撃吸収力がある)ということもよく言われる。しかし床の硬さ、軟らかさや、衝撃吸収性は表面に使われる材料とともに構造の影響も大きく、一概に表面に木材を使用することで床の性能が良くなるとは言いきれない。

### 10.3.3　木質内装による人への影響の評価

　木材が人に与える影響を明らかにする手法として、①アンケートや質問紙、インタビューなどの心理的な方法、②作業や課題のパフォーマンス、行動や視線の動きを観察する方法、③血圧や心拍数などの測定による生理的な方法、④寿命や罹患率、欠席率など何らかの調査データや統計に基づいて評価を行う方法などが挙げられる(恒次ら 2017)。これらの「人側」の反応と、木材そのものや木質内装を用いた空間の物理的、化学的特性を合わせて、多面的、総合的に人間-環境系の評価を行うことが重要である(12章参照)。

　これまでに行われた研究では木材の見た目(視覚要素)、におい(嗅覚要素)、手触り(触覚要素)など五感に関する要素を取り出して実験的に人の反応を検討したもの、写真、モデルルームなどにより木質内装を導入した空間を提示して人に与える影響を評価したものなどがあり、いずれも短時間の影響を見たものが多い。中長期的な影響としては、自身の寝室の木材量が多いと評価したグループでは少ないと回答したグループよりも不眠症の疑いのある人の割合が低いことを明らかにした研究もある(Morita *et al.* 2020)。多くの研究で、木材の見た目、におい、手触りは人に好意的に受け止められ、快適で自然な印象、落ち

着く印象をもたらすこと、また生理状態を鎮静化させる方向に作用することが示されている（総説として例えば 仲村 2012；池井ら 2018）。木質内装の利用が住宅から非住宅建築物に拡大するにつれて、空間の用途（オフィス、学校、病院等）や人の立場（働く人、経営する人、一時的な利用者等）、行動（仕事、勉強、遊び、休憩等）により木質内装に期待される機能や、木質内装から人が受ける影響が異なると考えられる。将来的には地球外空間、仮想空間（メタバース）における木質内装導入の影響を明らかにする必要が出てくるかもしれない。

## 10.4　外装における木材利用

### 10.4.1　外装利用の種類

　ここでは「外装」を建物やその他の屋外に設置された構造物の外部の仕上げとして記述する。外装における木材利用は住宅関連から公共・商業利用まで多岐にわたるが、主な用途として、建物の外皮（外壁、屋根、窓枠、ドア及びドア枠、ルーバー等）、外階段、デッキ、カーポート、屋外用ベンチ・テーブル、ガーデニング用品、フェンス、パーゴラ、東屋、案内表示板、街路灯、敷材、遊具、ガードレール、木橋、バリアフリー対応（スロープ等）、仮設材（災害やイベント用）などが挙げられる。これらのうち一部の用途では木材が構造と装飾の両方の機能を担っているが、構造については別途記載があるため、ここでは装飾の部分を中心に記述する。木材の外装利用は景観も担う重要な役割を果たす。

### 10.4.2　使用される主な木材

　製材または集成材などの木質材料が、そのままあるいは別章に示す塗装、保存処理、改質処理、難燃処理などを施して使用される。いずれの場合でも木口は適切に保護して水の侵入を抑制することが重要である。混練型WPCも用いられている。外国産の高耐久性樹種は保存処理せずに使用されることも多いが、**図 10-13** に示すように日本は比較的高温多湿な気候であるため、国内での経年変化を使用前に検討する必要がある。高耐久として輸入されたにもかかわらず予想よりも早く腐朽菌被害を受けたものもある。また適切に管理された森林から得られたものかどうかも確認することが重要である。

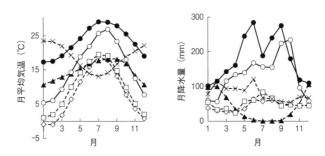

**図10-13** 各都市の月平均気温と月降水量（気象庁 2022 より作成）
●那覇、○東京、×シドニー、□ベルリン、▲サンフランシスコ、◇ストックホルム

　これまでに使用されてきた主な樹種としては、スギ（*Cryptomeria japonica*）、ヒノキ（*Chamaecyparis obtusa*）、カラマツ（*Larix kaempferi*）、ベイスギ（ウェスターンレッドシーダー）（*Thuja plicata*）、レッドウッド（*Sequoia sempervirens*）、ベイマツ（ダグラスファー）（*Pseudotsuga menziesii*）、ベイツガ（ヘムロック）（*Tsuga heterophylla*）、カク（ボンゴシ、エッキ、アゾベ）（*Lophira alata*）、イペ（Ipe; *Tabeburia serratifolia*）、ジャラ（ユーカリ）（*Eucalyptus marginata*）、ケンパス（*Koompassia malaccensis*）、セランガンバツ（多くの樹種群を含む）（*Shorea* spp.）、クルイン（アピトン）（*Dipterocarpus* spp.）などがある。いずれも辺材部分は耐久性が低いことには注意を要する。また、耐朽性は示すもののカビには侵されやすい場合や、吸放湿により割れや反りが生じやすいもの、抽出成分の滲みだしがあり美観や塗装へ悪影響を及ぼすといったものもある。なお、外国産材には、加工時の粉塵が作業者の呼吸器系に悪影響を及ぼすことが報告されているものもあり、作業環境の整備に配慮が必要である。それぞれの樹種の特徴や耐久性は18章や参考図書に詳しい。

　集成材やCLT、合板等の複合材料も用いられる。これらの材料を使用する場合は、素材使用時の注意点に加え、ラミナや単板といった構成要素間とその付近での亀裂や損傷、CLTや合板といった繊維方向が直交する材料では木口（繊維断面）の防水、合板ではささくれなどに留意する必要がある。混練型WPCは主にデッキに使われるが、日射による表面の温度上昇やチョーキング現象（表面に粉が吹く現象）などに注意を要する。

### 10.4.3　構造と設置方法

　木材の外装利用においては、適した材料選択のみでなく、劣化しにくい設計と設置方法も重要である。検討の際には、地域や接地/非接地といった使用環境と、使用目的や見込まれる維持管理計画などを考慮する。

#### 10.4.3.1　部材形状

　雨水が滞留しにくく割れが生じにくいものが好ましい。用途によっては握りやすさや滑りにくさも求められる。外装用途では丸太、丸棒加工材、半割丸太・半割丸棒加工材等の円形断面を持つものや、角材でもコーナー部の面取りで丸みを付けたもの、上部に傾斜を付け水が滞留しにくくしたもの、割れ防止のため背割りを入れたものも使われている。

#### 10.4.3.2　構造

　雨水や太陽光から木材を保護する目的で、笠木や庇を設け非接地にし、結露・通気に注意するといった工夫がなされている（**図 10-14**）。デッキでは若干の勾配をつけるといった配慮もされることがある。また、接地部の構造部材には金属を使用するなど他材料との複合化によって木材を劣化しにくい部位に使い、劣化した場合も木材だけを交換できるようにするといった工夫もされてい

図 10-14　構造による木材の保護の例

る。他材料との間には適した防水材を入れることも劣化対策の有効な手段とされている。温湿度変化に伴う木材の膨潤収縮を見込んで部材に隙間を設ける工夫もされている。接合部は雨水が滞留しにくいことが望ましい。ほぞ接合や実加工は雨水の侵入や滞留、吸水による部材の浮き上がりが起こりやすいとされている。裏から固定する、金物との接触面積を小さくする、切断・穴あけ断面には保存剤を塗布又は噴霧するといった対策もとられている。鉄製の金具で木材を固定すると、鉄イオンと木材中のタンニンが化学反応して黒色化する。ステンレスや溶融亜鉛メッキ等の金具を用いることで回避できる。

### 10.4.4　求められる性能

　外装材は、用途としての役割（例えばデッキは歩行が可能であること、ルーバーは日射の抑制など）に加え、ヒートアイランド対策や景観の一部としての役割も担っている（**図10-15**）。具体的に求められる性能としては、遮音性、断熱性、触感、紫外線反射の抑制、安全性、デザイン、メンテナンスのしやすさなどが挙げられる。

　遮音性は外壁やフェンスなどで、断熱性は建物の屋根・屋上や外壁、ルーバー、デッキなどで、触感は手すりやテーブル、ベンチなどで重視される。屋

図10-15　木材の外装利用の例

上デッキやルーバーでは、建物内部の温度変化抑制による省エネルギーやヒートアイランド対策となることが期待されている。遮音性、断熱性、触感の詳細については12章を参照していただきたい。人体に悪影響を及ぼす紫外線の反射率については、ウッドデッキの方がコンクリート、アスファルト、タイルよりも小さいという報告があり、外装利用における利点の一つと考えられている（東島 2014）。

## ●参考図書

有馬孝礼ら（編）（2001）:『木材科学講座9　木質構造』, 海青社.

日本住宅・木材技術センター（2022）:『内装木質化した建物事例とその効果 —— 建物の内装木質化のすすめ ——』.

日本木材保存協会（編）（2018）:『木材保存学入門 改訂4版』, 日本木材保存協会.

# 11章　木質建材

## 11.1　軸材料

### 11.1.1　製材

#### (1)　構造材としての特徴

　製材(品)とは、樹木を丸太として伐採し、その丸太を切削加工した製品である。そのため、製材は樹木が本来持っていた性質の影響を大きく受ける。例えば、樹種そのものの特性、また同じ樹種であっても品種などの遺伝的要因、育成した場所・気候や育成方法などの環境的要因、加えて、同じ樹幹内でもどの部分から製材したかによる違いなどがあり、これらが強度的性質に影響を及ぼす。製材の強度的性質は、含水率による影響などを除けば、切削加工された時点でほぼ決定されるので、それぞれの製材の強度的性質に応じた使い分けをすることが重要である。

#### (2)　強度に影響を及ぼす因子

　製材の強度に影響を及ぼす因子として、一般的には、樹種・品種、密度、含水率、節、繊維傾斜、樹幹からの採材位置などがある。樹種や品種間では、木材の組織構造の違い、特に針葉樹材の場合、構成要素のほとんどを占める仮道管の寸法、ミクロフィブリル傾角などの影響が大きい。密度は、せん断強度、めり込み強度などでは、強度との間に正の相関関係が見られる。一方、曲げ強度では他の要因が支配的であることもあり、強度との間に相関関係が認められない場合が多い。含水率は、一般的に含水率が低下するほど強度は増加する傾向がある。ただし、過剰な乾燥温度や乾燥時間などの不適切な乾燥スケジュールにさらされると、製材に熱劣化や内部割れを発生させる原因になり、強度を低下させるおそれがある。節は、樹木の枝が切断面として現れたものである。節の周りでは局部的な繊維の乱れが生じるため、強度上大きな欠点となる。繊維傾斜は、製材の稜線に対して繊維方向が傾斜していることをいう。木材は繊維の方向によって強度が異なるため、繊維傾斜が強度低下の要因となる。木材

の横断面において、樹心に近い領域は未成熟材部、樹皮に近い領域は成熟材部と呼ばれ、成熟材部は未成熟材部に比べて、ミクロフィブリル傾角が小さく、ヤング係数および軸方向の強度が高い傾向にある。そのため、特に大径材から採材する場合には、横断面内での採材位置によって製材の強度が大きく異なることがあるため注意が必要である。

### (3)　JAS規格の規定

　製材に関するJAS規格には、製材の日本農林規格（JAS 1083）と枠組壁工法構造用製材及び枠組壁工法構造用たて継ぎ材の日本農林規格（JAS 0600）の2つがある。JAS 1083は主に軸組構法に用いられる製材を対象としたもの、JAS 0600は主に枠組壁工法に用いられる製材を対象としたものである。

　JAS 1083の製材の種類としては、造作用製材、目視等級区分構造用製材、機械等級区分構造用製材、下地用製材、広葉樹製材があるが、構造用材料として重要なのは、目視等級区分構造用製材、機械等級区分構造用製材である。目視等級区分構造用製材は、応力のかかり方や断面寸法によって、甲種構造材の甲種I、甲種IIおよび乙種構造材に分けられる。各製材は材面の品質、すなわち、節、繊維傾斜などの程度によって、1級、2級、3級の等級に分けられる。機械等級区分構造用製材は、曲げヤング係数と曲げ強度との相関が高いことを利用して、製材のヤング係数を測定し、そのヤング係数に基づいてE50～E150の等級に区分する。

　JAS 0600には枠組壁工法構造用製材として、甲種枠組材、乙種枠組材、MSR枠組材の区分がある。また、木口どうしをフィンガージョイントにより接着した、たて枠用たて継ぎ材もこの規格に含まれており、甲種たて継ぎ材、乙種たて継ぎ材、MSRたて継ぎ材の区分がある。甲種、乙種は目視によって品質を区分したものであるが、品質の基準はJAS 1083のものとは異なる。MSR区分は、抜き取り検査により破壊試験を行い、その強度が基準を満足することを前提に、ヤング係数を測定して区分するものである。

### (4)　基準強度

　基準強度とは、建築物の設計時の構造計算などに用いられる強度の基準値である。製材に関する基準強度は、平成12年5月31日建設省告示第1452号および平成13年6月12日国土交通省告示第1024号に規定されている。基準強

度は基本的に、標準試験によって得られた強度分布の5％下限値とされる。基準強度の種類はJAS 1083およびJAS 0600によるもの、さらにはJAS規格で定められていない無等級材によるものがある。つまり、無等級材を除けば、農林水産省のJAS規格により製材の品質が決定され、その品質に基づいて国土交通省の告示により基準強度が定められることになる。製材の基準強度は、樹種（群）・等級・応力別に示されており、応力には、曲げ、圧縮、引張り、せん断、めり込みがある。

### 11.1.2 集成材

#### (1) 集成材の特徴

　集成材とは、鋸挽きされた板状の製材（ラミナ）を、ラミナの繊維方向がほぼ平行になるように積み重ねて接着した材料である。製材の寸法が丸太の大きさに制限されるのに対して、集成材は、ラミナの端部どうしをフィンガージョイントによりたて継ぎし、ラミナを幾層にも積層接着することで、製材では得られない寸法の製品を生産することが可能となる。また、使用するラミナのヤング係数などをあらかじめ測定してラミナの品質を区分しておくことで、さまざまな品質のラミナを組み合わせることによって、要求性能に見合った品質の集成材を生産することができる。例えば、梁に加わる曲げ応力は中立軸から外側に向かうほど大きくなるため、集成材の外側には品質の高いラミナを、内側には品質の低いラミナを配置するなどの製造が可能である。また、ラミナの品質を揃えることで、集成材の強度的ばらつきも抑えることができる。

#### (2) JAS規格の規定と構造用集成材の製造

　集成材の日本農林規格（JAS 1152）には、造作用集成材、化粧ばり造作用集成材、構造用集成材、化粧ばり構造用集成柱がある。生産の大部分を占めるのは構造用集成材であり、軸組住宅の柱材として構造用集成材は現在、国産材・輸入材を合わせて80％以上が、梁などの横架材として90％以上が用いられている（林野庁 2021）。

　構造用集成材はさらに、使用するラミナの組み合わせによって、異等級構成集成材、同一等級構成集成材などに分けられる。これらの構造用集成材にはE105-F300などの強度等級が定められるとともに、構造用集成材の層ごとにラ

ミナの品質の配置が規定されている。例えば、強度等級E105-F300であれば、最外層、外層、中間層、内層にはそれぞれ、L125、L110、L100、L80の品質のラミナを配置する。ここでL125などの等級は等級区分機による区分であるが、このほかに目視区分によるラミナ等級を用いることもできる。

　構造用集成材の製造は概ね、ラミナの製材・人工乾燥→ラミナの等級区分→ラミナの欠点除去・たて継ぎ→ラミナの仕組み・積層接着→仕上げ加工と製品検査という工程を経る。たて継ぎや積層接着に用いられる接着剤の種類や、ラミナや構造用集成材の検査・試験方法などもJAS規格により規定されている。

**(3)　基準強度**

　JAS規格に従って製造された構造用集成材の基準強度は、平成13年6月12日国土交通省告示第1024号によって規定されている。構造用集成材の基準強度は、基本的に曲げ、圧縮、引張りは強度等級ごとに、せん断、めり込みは樹種区分ごとに定められている。

## 11.1.3　LVL（単板積層材）

**(1)　LVLの特徴**

　丸太を剥皮した後、薄くカツラ剥きにしたシート状のエレメントを単板、英語では"veneer"（ベニヤ）と呼ぶ。単板は曲がりや細りのある丸太からも採取できるため、製材を採取できないような、いわゆるB材などの資源を有効に利用することが可能である。

　LVLとは、"laminated veneer lumber"（ラミネイテッドベニヤランバー）の略称で、複数の単板を、繊維方向がほぼ平行になるように積み重ねて接着した材料である。ラミナではなく単板を用いる点が集成材とは異なり、単板を直交ではなく平行に積み重ねる点が合板とは異なる。集成材と同様に、あらかじめ使用する単板の品質を評価・選別しておくことで、要求性能に見合った品質のLVLを生産することができる。一方、接着剤を多用するため、製材や集成材よりも密度は高い。現在、構造用集成材に比べ構造用LVLの用途は限られているものの、I型梁（Iジョイスト）の上下部分であるフランジとしても用いられる。

## (2) JAS規格の規定と構造用LVLの製造

　単板積層材の日本農林規格（JAS 0701）には、造作用LVL、構造用LVLが規定されている（JAS規格でのLVLの表記は単板積層材である）。構造用LVLはさらに、A種構造用LVL、B種構造用LVLに分かれる。A種構造用LVLは、平行単板のみで構成されたものや、寸法安定性を向上させるため、両最外層の1つ内側の層に直交単板を入れたものがある。単板の積層数や同一の横断面における単板の長さ方向の接着部の間隔により等級付けされる。B種構造用LVLは、面材料としての利用を想定したもので、9層以上で構成されたものである。直交単板は両最外層から3枚目のほか、規定された位置に配置する必要がある。

　構造用LVLの製造は概ね、原木からの単板切削・乾燥→単板品質の選別→接着剤塗布・積層接着→寸法仕上げと製品検査という工程を経る。また、積層接着した一次接着製品どうしを再度積層接着させた二次接着製品も存在する。構造用集成材と同様、積層接着に用いられる接着剤の種類や、検査・試験方法などもJAS規格により規定されている。

　構造用LVLの曲げ性能には曲げヤング係数区分があるが、A種構造用LVLには前述したように製造条件に応じた等級もある。曲げヤング係数の平均値・下限値、曲げ強度の下限値の基準があり、140E-525Fなどと表示される。さらに、接着性能の評価を兼ねたせん断強度の基準が設けられており、その強度に応じて55V-47Hなどと表示される。

## (3) 基準強度

　JAS規格に従って製造された構造用LVLの基準強度は、平成13年6月12日国土交通省告示第1024号によって規定されている。A種構造用LVLは曲げヤング係数区分かつ等級ごとに、曲げ（縦使い・平使い）、圧縮、引張りの基準強度が、B種構造用LVLは曲げヤング係数区分ごとに、曲げ、圧縮、引張りの基準強度が強軸、弱軸別に規定されている。また、せん断、めり込みの基準強度も、A種およびB種構造用LVLに対してそれぞれ規定されている。

# 11.2 面材料

## 11.2.1 合板

　合板は奇数層の単板の繊維方向を交互に直交させて積層し、熱圧締により接着した材料である。合板は、英語名"plywood"（プライウッド）に対応する和名である。ベニヤ板と呼ばれることや、「ごうばん」と発音されることがあるが、『ごうはん』が正しい呼称である。

　合板は隣り合う単板の繊維方向を直交させていることから、異方性が小さく、寸法安定性が高い。単板の積層数を増やせば、異方性はさらに緩和され、寸法安定性は向上する。さらに、強度が高いこと、含水率変化による強度低下が小さいことなどが特徴である。

　LVLと合板の関係は、集成材とCLTの関係に似ているが、合板の日本農林規格（JAS 0233）では、0°方向（合板の長手方向）と繊維方向が平行な単板の合計厚さが製品厚さに占める比率（構成比率）は30％以上70％以下と規定される。したがって、JAS規格では、単板積層材は構成比率が70％を超える製品、合板は構成比率が30％以上70％以下の製品として区別される。

　針葉樹合板は欠点（節）が製品の短手方向（板幅方向）に連続して現れることが特徴である。国内で生産される針葉樹合板では、原料事情や性能向上のため、複合合板（複数の樹種を用いた合板）が一般的である。また性能向上や生産性向上のため、各層の単板は異なる厚さとすることが多い。

## 11.2.2 構造用パネル（OSB）

　OSBとは、"Oriented Strand Board"（オリエンテッドストランドボード）の略称である。オリエンテッドとは「配向した」という意味であり、配向性ストランドボードと呼ばれることもある。すなわち、エレメントであるストランドの繊維方向を揃えて単層を形成し、隣接する層の配向方向を直交させながら3〜5層構成とした材料である。構造用パネルとはOSBの日本農林規格（JAS 0360）における名称である。

　ストランドとは、丸太を切削して得られるパーティクルの一種である。長さ：6〜10インチ（15〜25cm）まで、幅：長さの1/3以下、厚さ：0.025インチ

(0.6mm)程度の比較的大きなパーティクルであり、小径木等を利用できるため、原料の選択性は広い。長大なエレメントを使用し、その繊維方向を揃えることで合板に近い強度性能を達成しているが、木質ボードの宿命として、エレメントは製造時に大きな圧縮変形を受けているため、合板と比較して寸法安定性能は低い。その改善策として、製品の木口面には防水塗装が施されることが多い。

OSBはそのほとんどが建築材料、とくに耐力壁・水平構面の下地材として使用されており、JAS規格では構造用パネルと呼ばれる。構造用パネルは構造用途に用いられる面材料の総称であるが、JAS規格における格付けの実態としては、ほとんどOSBと同義である。パーティクルボードのJIS規格にもOSBを対象とする区分が規定されているが、国内で流通するOSBのうち材料規格の認証を有する製品はすべてJAS規格で格付けされている。近年では、アルミホイルや透湿防水シートを表面に貼付して断熱性能や防水性能を付与した製品も存在する。

### 11.2.3　パーティクルボード(PB)

パーティクルボードとは、木材などを切削または破砕によって加工したパーティクル(小片)をエレメントとした面材料である。乾燥させたパーティクルに接着剤を噴霧し、マット状にフォーミング(堆積)した後、熱圧締により圧縮成型して製造される。

パーティクルは木材チップから加工されるため、原料の選択性がきわめて広いが、エレメントが小さく製造時に大きな圧縮変形を受けているため、合板と比較して強度・寸法安定性能は低い。

パーティクルボードの製造方法は使用するプレスによりデイライトプレス(平板プレス)方式と連続プレス方式に大別されるが、歴史的に改良がなされ、種々の方法が考案されている。連続プレス方式は、ジンベルカンプ法に代表される油圧で支持されたエンドレスのスチールベルトによって連続的に圧縮する方法が主流である。デイライトプレス方式は、昇降する平らな熱板で圧縮するバッチ式の製造方法で、ホモゲンホルツ法とノボパン法が代表例である。ホモゲンホルツ法では、調製されたパーティクルを分級(篩い分け)し、表層には細かいパーティクルを使用することで表面に平滑性を与え、心層には大きいパー

ティクルを使用することで強度を向上させる。ノボパン法では表層に極薄く、ある程度の面積を持つフレークを用い、内層には比較的厚いパーティクルを配置する。このように、通常パーティクルボードの断面は層構造を持っている。

### 11.2.4　繊維板(IB、MDF、HB)

繊維板(ファイバーボード)のエレメントである繊維(ファイバー)とは、木材などのチップを蒸煮後、おろし金状の装置で解繊した繊維である。繊維板とはファイバーボードのJIS規格(JIS A 5905)における名称である。

繊維板は密度によって区分され、軽いものから順に、低密度繊維板、中密度繊維板、高密度繊維板とされる。JIS規格では、それぞれ、インシュレーションボード(インシュレーションファイバーボード)、MDF、ハードボード(ハードファイバーボード)と呼ばれる。MDFとは、"medium density fiberboard"(ミディアムデンシティファイバーボード)の略称である。

製法に着目すると、乾式製法によるMDFと湿式製法によるインシュレーションボード・ハードボードに大別される。MDFは、乾燥したファイバーに接着剤を噴霧してマット状に堆積したのち、熱圧締により圧縮成型される。

インシュレーションボードとハードボードは、製紙工程と同様に、水に懸濁した状態のファイバーを金網ですくい上げてエレメントのマットを抄造する。インシュレーションボードは、ファイバーのマットを脱水・乾燥させた材料であり、ハードボードは、ファイバーマットを熱圧締して成型した材料である。高い含水率状態から乾燥されるため、紙と同様にファイバー間の結合が得られるが、性能向上のためファイバー懸濁液に薬剤(サイズ剤)を添加することが多い。耐水性向上には撥水剤、強度向上には凝集剤・接着剤が有効であるが、これらのサイズ剤は逆の効果を持つことが多いため、要求性能に合わせて種々の成分が用いられる。また、抄造過程では多量の水を使用するため、その処理には多大な労力が必要となる。

### 11.2.5　面材料の性能の比較

#### (1)　曲げ性能

木質面材料の曲げ性能は、床・屋根下地等に用いた場合の積載荷重による鉛

直力や、壁下地に用いた場合の風圧力を負担する際に要求される性能である。曲げ強さ(MOR)・曲げヤング係数(MOE)はそれぞれ耐荷重性能・耐変形性能の指標で、数値が大きいほど折れにくく・たわみにくいことを示す。

　**図 11-1**に構造用パネルのJAS規格に基づいて測定した各種面材料の曲げ性能を示す。供試した面材料は針葉樹合板(5層5ply構造用1級1類相当：NPW)、構造用パネル(4級：OSB)、パーティクルボード18タイプ(MR2タイプ：MR2-PB、MR1タイプ：MR1-PB)、MDF(30Mタイプ)である。

　これをみると、もっともMORが高いのは合板であり、ついで、MDF、OSBの順となる。PBはもっとも低いが、耐水性能、すなわち、接着剤の種類によるMORの違いはみられない。

　木材は異方性材料であり、繊維方向の強度性能がもっとも高いため、木質面材料の曲げ性能も、一般には、エレメントの寸法、とりわけ繊維方向の長さが大きいほど高くなる傾向がある。合板は、連続した繊維が平行に並んだエレメントである単板から製造されているため、高い曲げ性能が得られる。その他の木質ボード類のエレメントは繊維が切断されているため、合板より強度性能が低下してしまうが、OSBはPBと比較すると大きなエレメントから製造されるため、強度的に有利である。さらに、エレメントを配向することで配向方向(0°方向)の強度性能の向上を図っている。

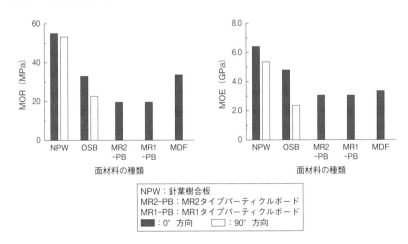

**図 11-1**　各種構造用面材料の常態曲げ性能の比較(渋沢 2014～2018)

　積層数の多い針葉樹合板は異方性が低く、直交方向のMORも高い値となるが、3層の内層のみを直交配向したOSBの異方性は針葉樹合板より高く、90°方向のMORはPB程度の値となっている。MDFは、もっとも小さなエレメント（ファイバー）からなるが、アスペクト比（細長比）が高く絡み合いを生じやすいことから、引張応力を効率よく伝達可能であるため、高いMORが得られる。

　MOEをみると、MORと同様、合板がもっとも高い値を示し、ついでOSB、PBの順になるが、MDFはOSBより低い数値となる。本試験で供試したMDFのMORはPBの2倍程度であるが、MOEは大きく変わらない。エレメントがファイバーであるMDFは、剛直なエレメントからなる他の木質ボード類と比較した場合、MORに対するMOEの比率が低くなる傾向がある。針葉樹合板とOSBのMOEの異方性は曲げ強さより大きく現れ、OSBの直交方向のMOEはPBより低い値を示す。

　耐水性能の異なる2種類のPBの曲げ性能には差がみられないが、製造条件によって性能の設計が可能であることは木質ボード類の特徴である。

## (2)　面内せん断性能

　各種面材料の面内せん断性能の比較を**図11-2**に示す。ASTM D 2719 Method C, Two-rail shear法による測定の結果である。供試した面材料は、ラワン合板（5層5ply構造用1級特類相当：LAN）、ラーチ合板（3層3ply構造用2級特類相当：LRC）、カナダ産針葉樹合板（3層3ply構造用2級特類相当：CSP）、構

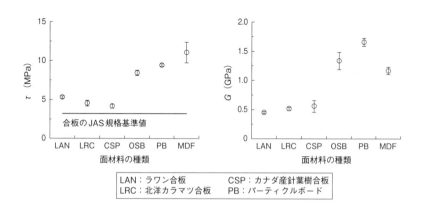

**図11-2**　各種構造用面材料の面内せん断性能の比較（渋沢 2014〜2018）

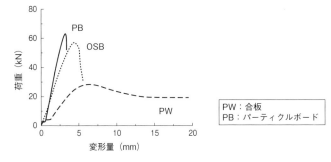

**図 11-3**　面内せん断試験の荷重−変形関係の例（渋沢 2014〜2018）

造用パネル（4 級：OSB）、パーティクルボード（18 MR2 タイプ相当国土交通大臣認定品：PB）、中密度繊維板（30M タイプ：MDF）である。ラーチ合板とは北洋カラマツを用いた合板である。合板分野においては、国産カラマツをカラマツ、北洋カラマツをラーチと慣用的に呼び分けている。CSP とはカナダ産のダグラスファー以外の針葉樹を用いた合板である。

　合板は樹種によらず、いずれも 5 MPa 程度のせん断強さ（$\tau$）、0.5 GPa 程度のせん断弾性係数（$G$）を示す。木質ボード類である OSB・PB・MDF は合板の 2〜3 倍の面内せん断性能を示す。面内せん断性能においても、MDF は $\tau$ に比して $G$ が低く、エレメントがファイバーであることに由来する性質が現れている。

　合板・PB・OSB の荷重−変形関係の一例を**図 11-3** に示す。これをみると、PB・OSB は変形しにくく（＝曲線の傾きが大きく）、高い荷重に耐えられる（＝曲線のピークが高い）が、最大荷重を迎えると破断に到る（＝曲線が急激に低下する）。合板の場合、最大荷重は低いものの、破断せず（＝曲線が急激に下がらず）に一定の荷重を支えながら大きな変形を示しており、吸収エネルギーが大きい特徴を持つ。

### （3）　くぎ一面せん断性能

　枠組壁工法建築物構造計算指針に基づいた方法により測定した太め鉄丸くぎ（CN くぎ）を用いた場合の短期基準接合耐力（$F_{jy}$）を**図 11-4** に示す。枠組壁工法の通常仕様の耐力壁で使用される接合具である CN50 くぎの場合、短期基準接合耐力のもっとも低い OSB ともっとも高いパーティクルボードでは 45 ％程度

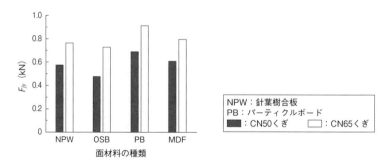

**図11-4**　各種構造用面材料の短期基準接合耐力の比較（渋沢 2014〜2018）

の差がみられたが、CN50くぎより太く長いCN65くぎの場合、接合耐力は全体的に向上し、面材の種類による違いは減少した。面材料を用いた構面の面内せん断性能は、面材料の面内せん断性能とくぎ接合部の性能に依存するが、面材料の種類によるくぎ一面せん断性能の差は、面内せん断性能の差と比較すると小さいことから、面材張り構面の性能は接合仕様が同じ場合、面材種によらず同じ水準となるものと考えられる。逆に、接合仕様を変えることで面材張り構面の性能を向上することが可能である。

**(4)　耐水性**

　**図11-5**に湿潤時の曲げ性能を示す。供試した面材料は、常態曲げ性能と同

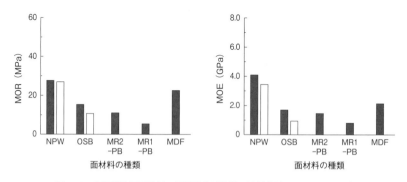

**図11-5**　各種構造用面材料の湿潤時曲げ性能の比較（渋沢 2014〜2018）
凡例は図11-1参照

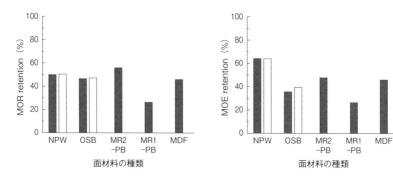

**図11-6** 各種構造用面材料の曲げ性能残存率の比較(渋沢 2014〜2018)
凡例は図11-1 参照

様である。試験方法は、パーティクルボード・繊維板の湿潤時曲げB試験に準
じ、沸騰水中に2時間浸漬した後、連続して1時間常温水中に浸漬し、濡れた
ままの状態で曲げ試験を行ったものである。また、**図11-6**には常態時曲げ性
能に対する湿潤時曲げ性能の比率(残存率:retention)を示した。

　MORはすべての面材料で低下しており、針葉樹合板、OSB、MR2タイプ
PBの順は変わらないが、MR2タイプPBの曲げ強さの低下は少なく、針葉樹
合板、OSBとMR2タイプPBの曲げ強さの差は減少している。一方、MDFの
曲げ強さの低下は比較的大きく、OSBとほぼ同じ値となっている。また、耐
水性区分の異なるPB間においては大きな差が生じる。MR1タイプPBはMR2
タイプPBの半分程度まで低下しており、接着剤の種類が水に対する強度性能
の耐久性に大きな影響を与えることがわかる。

　湿潤時の曲げヤング係数は、針葉樹合板がもっとも高く、他のボード類の
約2倍となり、水に対する耐久性が高いことがわかる。OSB、MR2タイプPB、
MDFはほぼ同じ数値となり、水に対する耐久性はMR2タイプPB、MDF、
OSBの順となる。MR1タイプPBは、曲げヤング係数においても、もっとも低
い値を示す。針葉樹合板、OSBの耐水性に関しては、異方性はみられない。

　耐水性能の試験の目的は、実際使用環境において温湿度変化や水がかりに
よって木質系面材料に生じる吸湿、結露、吸水等に伴う含有水分状態の変化に
よって経時的に生じうる強度性能の低下を間接的に保証することにあり、品質

管理の一環として実施される試験である。促進劣化処理に要する時間は約3時間であり、圧力容器等の大規模な装置は要せず、開放系の煮沸槽のみで実施可能であることから、品質管理手法として優れている。一方、得られる結果は製品仕様の弁別が主目的であり、実際使用環境下における耐久性を直接担保するものではないことに注意を要する。湿潤時曲げB試験を採用しているJIS規格における基準値は、常態時の曲げ性能区分基準値の50％である。したがって、たとえば18タイプのPBであれば、9MPaが基準値であり、**図11-6**に示した常態時の曲げ性能実測値に対する残存率が50％であることは求められていない。このことは、耐水性能に劣る製品仕様であっても、常態時の曲げ性能を高く設定すれば、促進劣化処理で大幅に低下しても、基準値を満足しうることを意味するが、本来の規格の規定目的を考えれば正しい製品設計とはいえないことは明らかであろう。

### (5)　寸法安定性能

### a)　寸法変化の発生機構

　木質ボード類の寸法変化は、周囲環境の温湿度変化による吸湿・結露、水がかりによる吸水等に伴う含水率変化によって生じる。含水率の変化に伴って寸法変化が生じるのは、本来木材が持つ性質であるが、木質ボード類は製造時に圧縮成形されるため、厚さ方向の寸法変化(厚さ膨張)は著しく大きくなる。

　木質ボード類の製造時の熱圧締過程では、加えられた圧縮圧力によってエレメント間の空隙が押しつぶされて接触状態が密になり、ついで、熱板からエレメント実質を伝導した熱と、エレメントの含有水分が水蒸気となることで伝達した熱によってエレメントの軟化が生じ、圧締圧力によって圧縮変形および曲げ変形を生じ、さらにエレメント間の接触が密になる。この状態で、加えられた熱によってドライングセットと接着剤の硬化が生じ、エレメントの変形が固定される。

　含水率の増加によって寸法変化が生じるメカニズムは以下のように考えられる。含水率の増加に伴って、ドライングセットされていた圧縮変形が回復することと、エレメントの異方性に基づく膨潤量の違いによって接着点の破壊が起こる。さらに、水分による接着点の劣化が生じることで拘束力が低下するため、固定されていたエレメントの変形が回復し、個々のエレメントが膨潤すること

で寸法変化が発生する。

　接着による拘束力の低下を伴うため、回復した圧縮変形量のうち、再び含水率が低下しても元に戻らず、永久回復量として残ってしまう部分が存在する。この永久回復量が多い場合、不陸（ふりく）・孕み（はら）や強度低下が生じるため、実用上大きな問題となる。

**b)　厚さ方向の寸法安定性能**

　図11-7に各種面材料の24時間常温水浸漬処理による吸水厚さ膨張率（TS）の比較を示す。厚さ膨張率はOSBがもっとも高い値を示し、ついでMR1タイプPBとなった。針葉樹合板とMタイプMDFはほぼ同じ数値となり、MR2タイプPBはそれらより若干低い値となっている。

　各面材料のエレメント形状と構成方法によって、製造時に受ける圧縮変形量や接着点の形成のされ方が異なるため、同一の湿潤処理法を適用しても、測定される厚さ膨張率は異なる。

　OSBは他のボード類より相対的に大きなエレメントからなるため、製造時の圧縮変形量が大きいが、他のボード類と同様のいわゆる点状接着によってエレメントが固定されているため、変形の拘束力は十分でなく、厚さ膨張率が高くなったと考えられる。

　MR1タイプPBは圧縮変形量に関してはMR2タイプPBと同じであると考えられるが、接着剤の耐水性能が低いため、接着点の損傷が大きく、劣化環境下におけるエレメントの厚さ変形の回復を拘束する力が弱いことが高い厚さ膨張率の理由であると考えられる。

　一般に、合板はエレメントが大きいため、接着層が面を形成することと圧縮圧力が木質ボード類より低い範囲であってもエレメント間の接触状態を良好に保つことが可能である。したがって、製造時のエレメントの圧縮変形量が少なく、寸法安定性が高い。しかし、針葉樹合板の場合には、樹種特性

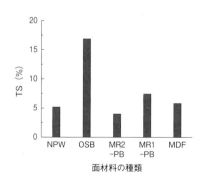

**図11-7　各種構造用面材料の吸水厚さ膨張率の比較**
（渋沢 2014〜2018）　凡例は図11-1参照

として早晩材による機械的性能の差が大きく、広葉樹合板より寸法安定性が劣る可能性がある。

　MDFは、エレメントが剛直でないことから、熱圧縮時に空隙を充填するように変形するため、圧縮変形を受けにくく、寸法安定性が高くなるが、強度性能、とりわけ剛性を増すために密度を高く設定することがあるため、相対的に圧縮変形量が高くなり、パーティクルボードと同程度の寸法安定性となっていると考えられる。

### c)　面内方向の寸法安定性能

　近年では、木質ボード類は住宅部材、とくに構造用途で使用されることが増えている。このことは部材の大型化を意味しており、家具などの小型部材においては実用上無視できた面内の寸法変化が大きな問題となっている。

　**図11-8**に文献値(関野ら 1997)より算出した各種面材料の面内の寸法安定性を示す。これは、20℃温度一定で0〜95％RHの相対湿度環境下で平衡含水率に達するまで養生したときの長さ変化率(LE：面内の寸法変化率＝寸法変化量÷吸湿前の寸法の百分率)を示したものである。測定はASTM D 1037に準じ、試験体寸法(＝測定長)：300 mmで行っている。

　これをみると、パーティクルボードがもっとも大きな寸法変化量となった。ついで、MDFが大きな変形量となり、エレメントが小さく接着部が点状をな

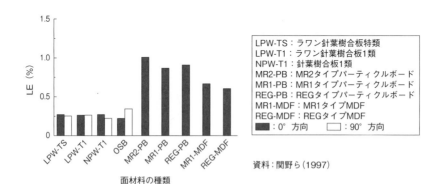

資料：関野ら(1997)

**図11-8**　各種構造用面材料の長さ変化率の比較(渋沢 2014〜2018)

すと考えられるパーティクルボードとMDFは、ほぼ同水準の寸法変化をしているといえる。OSBと合板はほぼ同程度の変形量を示したが、OSBは面内の寸法安定性についても異方性がみられた。また、厚さ膨張と異なり、長さ変化については、全ての面材料で耐水性能の違いは明らかでなかった。

## 11.3　大断面構造部材

### 11.3.1　直交集成板（CLT）

　CLTとは、"cross-laminated timber"（クロスラミネイティドティンバー）の略称で、日本農林規格（JAS 3079）では直交集成板と呼ばれる。欧州で開発された木質材料で、集成材と同様にラミナを構成要素としており、ラミナを並列することで単層を構成し、その単層の軸方向を直交させながら積層接着した集成加工材料である。CLTを床・壁に使用することで、木材を多用する新しい木造建築構法を実現できるため、現在注目されている新しい木質材料である。

　CLTの同一層のラミナは幅はぎ接着をする場合としない場合がある。幅はぎ接着をするかどうかについては、強度性能・寸法安定性能・気密性能等との関係から議論されることが多いが、実際には、製造上のハンドリングの問題で決められているようである。製造ラインの接着工程において、ラミナ1枚ずつに順次ロールコーターを用いて接着剤を塗布する方式の場合、幅はぎはされず、単層分のラミナすべてにエクストルーダーを用いて同時に塗布する方式の場合、幅はぎされることが多い。

　隣り合う内層ラミナ間に隙間を設けたり、内層ラミナの軸方向に溝加工を施したりした製品もある。これらは圧締時の余剰接着剤の逃げ先として有効であり、接着性の向上に寄与するものと考えられる。

　CLTの曲げ強度・ヤング係数はパーティクルボード程度であり決して高くないが、製品の断面が大きいことにより耐力・剛性が高いこと、直交層の効果により異方性が低いことが大きな特徴である。

### 11.3.2　集成材厚板パネル、厚物LVL（B種）、超厚合板（MLP）

　集成材厚板パネルは、集成材の積層方向を幅方向として水平構面に面的に利

用するもので、幅方向の接合には雇いざねが用いられる。

　JAS規格では、通常のLVLをA種と呼ぶのに対し、直交方向単板を有するLVLをB種と呼ぶ。B種LVLも面的に利用するために開発されたもので、直交方向単板を有することで幅方向の強度・ヤング係数を確保することを目指している。

　超厚合板(MLP)とは、"multi layered plywood"の略で、従来の厚物合板を超える厚さを持ち、大規模建築物への利用を想定した合板である。現行のJAS規格では、通常の合板の厚さは50mmまでとされているが、超厚合板は、これを超える厚さを持ち、多数の単板層が直交積層されていることから、強軸の性能は低いものの、強軸・弱軸の強度性能の差異がほとんどなく、CLTとは異なる特質を持つ材料として現在開発が進められている。

　これらの材料は大断面の製品が製造可能であることから、一般の面材というより、軸組材・枠組材と面材を合わせた構面全体を代替することが可能な材料である。CLTを含め、これらの材料が今後の木質構造物や他の構法の建築物に利用されれば、木材の需要が大きく増加することが期待される。

### 11.3.3　NLT、DLT

　一般に木質材料は、木材等のエレメント(構成要素)を接着剤等の結合材により再構成(一体化)した材料をさすが、大断面部材においては、機械的接合によって一体化したものも存在する。NLTとは"nail laminated timber"の略で、市販流通材である枠組壁工法構造用製材をくぎで留め付けて一体化した材料である。接合する製材の数を増すことでいくらでも幅を広げることができ、製材をバットジョイントすることで長さを広げることができる。また、接合時に隣接する製材をずらすことで曲面を形成することができる。

　DLTとは"dowel laminated timber"の略で、木ダボにより製材を接合した同種の材料である。いずれも再構成に接着を用いていないため、材料規格の対象とはならないが、木造による大空間を可能とする材料として注目されている。

## 11.4　面材料の用途

### 11.4.1　構造用途

　面材料のもっとも主要な用途は、木造建築物の構造材である。軸組材・枠組材に面材を張ることにより、耐力壁や床構面を構成できる。壁倍率の告示では、同じ面材料を使用しても、使用するくぎを太くする、くぎ間隔を狭くするなど、接合の仕様を変えることで高い壁倍率が与えられるようになっており、軸組構法の場合2.5〜4.3倍、枠組壁工法の場合2.5〜4.8倍とされている。仕様規定においては壁倍率の上限は5.0とされ、面材張り耐力壁は高い性能が認められている。水平構面においても同様の性能の指標である存在床倍率が定められている。近年は、24 mm以上35 mm程度までの厚物構造用合板を床・屋根下地材に使用し、床根太・垂木を省略することで水平構面の性能向上と工期短縮・施工の合理化を図る工法が普及している。しかし、構造計算に用いる強度性能値である基準強度・許容応力度は合板や木質ボード類などの一般の面材料には認められていない。

### 11.4.2　造作用途

　化粧合板やパーティクルボードは造作・家具に用いられる。表面が滑らかで加工性が高いMDFは、住設機器・家具用途に普及している。インシュレーションボードは空隙が多く密度が低いため、畳床・外壁などの断熱材に使用される。インシュレーションボードの中でも高密度域にあるシージングボードはアスファルト塗布または含浸処理をしており、強度・耐水性が高いことから、外壁下地として構造材を兼ねて利用される。ハードボードは打ち抜き・曲げ加工などの二次加工性に優れており、成型品や梱包材として使用される。建築現場の施工作業時に、フローリング等の汚損を防ぐために一時的に敷設される養生板は、ハードボードが多く利用されていたが、インシュレーションボードへの転換が進んでいる。

### 11.4.3　フローリング

　床の仕上げ材であるフローリングには、製材を用いた単層フローリングのほ

か、基材に表面材を貼付した複合フローリングがある。表面材は美観を表すもので、突き板などの天然木や樹脂含浸紙・プラスティックシートなどの特殊加工がある。基材には集成材や合板、単板積層材が用いられ、表面材の下地としてMDFやハードボードを貼る製品もある。

### 11.4.4　二次加工品

　住宅の幅木や廻り縁、内装建具などでは、MDFやハードボードを基材として、ポリオレフィン系のシートでラッピングした造作材が多用されている。さらにキッチンキャビネットなどの造り付け家具ではエッジングした化粧パーティクルボードが用いられている。ほかに、畳床、置き家具、自動車の内装部品等の成形品など、木質ボード類は基材としてきわめて身近に多用される材料である。

●参考図書

林 知行 (2021)：『増補改訂版 プロでも意外に知らない木の知識』．学芸出版社．

岡野 健（監修）(2017)：『新世代　木材・木質材料と木造建築技術』．エヌ・ティー・エス．

# 12章　木材と五感

　木材は木造建築の構造材として利用されることはもちろん、その内装材として、人が直接見たり触れたりする部分にも多用される。つまり木材は、建物を支える「ハードウェア」として、さらに、人の五感を刺激する「ソフトウェア」として、双方の性能を発揮できる希有な材料である。

## 12.1　視覚刺激としての木材

　木材が内装の意匠になりうるのは、材面に特有の外観的特徴が種々現れており、それらが人への視覚刺激となるからに他ならない。そのような外観的特徴を大別すると「あたたかな木材色」「千変万化の木目模様」「まろやかな光沢」の3種類にまとめられる。

### 12.1.1　木材色

　木材は見た目に「あたたかい」印象を与える。その主たる要因は色にある。**図12-1**は国内外産の針葉樹材、広葉樹材40樹種の可視光域における分光反射率曲線を重ね書きしたものである。全域で反射率の大きいもの、あるいは、小さいものなど様々な相違はあるものの、いずれも短波長側の反射が少なく、550 nm以上の長波長側の反射が多い。人の黄色、橙色、赤色の色感覚は、それぞれ550〜590 nm、590〜640 nm、640〜770 nmの波長域の光が網膜に到達して生じる。それゆえ、木材の色は黄赤系の「暖色」として人に知覚される。

　材色の経年変化や、床を構成する多数の木質ピースの色のばらつきなどを客観的に把握するために、測色計を用いた材色の測定や色彩管理がしばしば行われる。木材利用の分野では、材色がL*a*b*表色系で表示、評価されることが多い。L*a*b*表色系は、3次元的な色空間の座標値である$L^*$値、$a^*$値、$b^*$値で任意の色を表す。**図12-2**は、**図12-1**の40樹種の材色をL*a*b*表色系で表したものである。

　この図の左側は$a^*$値を横軸に、$b^*$値を縦軸に設定したa*b*平面の第1象限で、木材色の多くはここに分布する。a*b*平面における各色の原点からの距離は彩度$C^*$と呼ばれ、この値が大きいほど材色は濃く鮮やかであり、逆に小さいほど無彩色に近づく。さらに、色相はa*b*平面における$a^*$軸からの離れ角である色相角度$H°$で表される。a*b*平面の第1象限の場合、$H°$が小さいほど材色は赤色に近づき、大きいほど黄色に近づく。**図12-2**右に明度$L^*$と色相角度$H°$の関係を示す。材色が黄色に近づく（$H°$が大きくなる）ほど明るくなっているが、この傾向は木材色においてしばしば認められる。

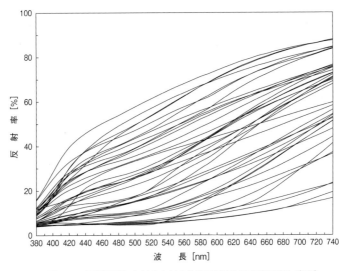

**図12-1**　可視光域における木材の分光反射率（40樹種の重ね書き）

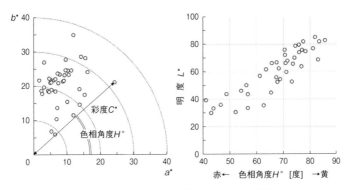

**図12-2**　L*a*b*表色系で表された材色

## 12.1.2　木目模様

樹木の構成細胞や組織、成長層などの3次元的な配列が「木理」であり、原

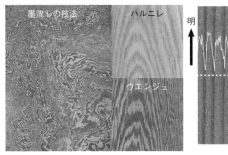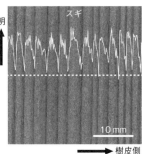

**図12-3　木目模様の特徴**
左：木目模様の非平行性と非交差性（墨流しのパターンと板目模様の類似）
右：年輪内の明暗変化（中央の点線上の明暗変化のラインプロファイル）

木丸太の切削面に現れる木理を反映した2次元的なパターンが「木目模様」である。その特徴は、(1)年輪幅のゆらぎ、(2)非直線性（フリーハンドで描いた線）、(3)非平行性・非交差性（墨流し的パターン、**図12-3**左）、(4)年輪内の明暗変化（早晩材の移行、**図12-3**右）、(5)低周波数の明暗変化（濃淡むら）、などにまとめられる。何らかの幾何学的法則やリズム、周期性が当てはまりそうで当てはまらないところが、木目模様の大きな魅力となり得る。

　木目模様の特徴を数量表現する標準化された手法は目下のところ存在しないが、しばしば試みられるのが木目画像のフーリエ変換である。**図12-4**は、4種類のまさ目模様および板目模様を繊維直交方向にスキャンし、得られた

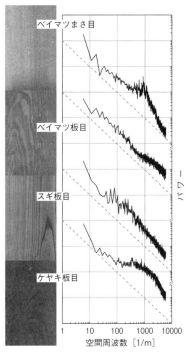

**図12-4　木目模様のフーリエパワースペクトル（斜線は1/fの傾き）**

明暗変化のラインプロファイルを一次元の信号に見立て、これをフーリエ変換して求められたフーリエパワースペクトルである。図の横軸の空間周波数は材面に現れた特徴の大きさに対応する。例えば、もし空間周波数100 [1/m] にスペクトルのピークが現れていれば、これは幅5mmの暗部と幅5mmの明部からなる幅10mmの明暗変化が目立つことを意味する。

木目模様のパワースペクトルに共通する特徴は、高周波数成分(細かい明暗変化)ほどパワーが小さくなる(目立ちにくくなる)ことで、**図12-4**のように両対数で表されたスペクトルは右下がりになる。この傾きが周波数分の1になっている(周波数が1桁増えるとパワーが1桁減る)と、木目模様に限らずそのパターンに現れている明暗変化は「$1/f$ゆらぎ」していると評価される。小川のせせらぎの強弱など様々な自然由来の時系列の変化に$1/f$ゆらぎが認められること、人の生体リズムにも$1/f$ゆらぎが現れること、さらに、木目模様にも$1/f$ゆらぎが認められることが紹介されて以来(武者1980)、「木目は$1/f$ゆらぎをしているからよい」と短絡的に解釈されることが増えた。しかし、種々の木目模様のパワースペクトルを実際に求めてみると、その傾きが全て$1/f$になるわけではなく、それにかかわらず、どの木目模様も見た目に「自然」で「木目らしい」。したがって、$1/f$ゆらぎは木目模様の特徴を表す指標の1つに過ぎないと考えるべきである。

### 12.1.3　木材の光沢

木材はパイプを束ねた構造を有しているので、まさ目板や板目板をどれだけ平滑に仕上げても、雨樋がずらりと並んだような微細な凹凸が表面に現れる。ここに入射した光は、一部は細胞壁を透過あるいは散乱反射され、また一部は細胞内腔面や細胞壁断面などに現れた微小面で鏡面反射される。鏡のように面全体で光を一様に反射するわけではないので、材面には輝点が細かく分散した上品で深みのある木材特有の光沢が現れる(**図12-5**)。

木材光沢のもう1つの特徴は異方性である。変角光沢度計で受光角度を変えながら材面の光反射を測定すると、繊維平行方向に投光したときの鏡面光沢度が直交方向に投光したときよりも大きい(**図12-6左**)。繊維平行方向の入射光は進路に障害物が少なく鏡面反射されやすいが、直交入射の光が内腔に入ると

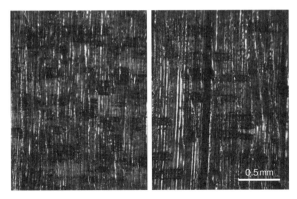

図 12-5　落射型顕微鏡で観察したヒノキまさ目面

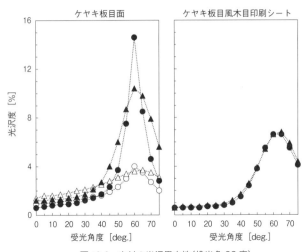

図 12-6　木材の光沢異方性（投光角 60 度）
○、△：塗装無し、●、▲：クリア塗装あり、
丸：繊維平行入射、三角：繊維直交入射

細胞壁に複数回当たって散乱し易くなるためである。一方、木目印刷シートに
はそのような異方性が現れていない（図 12-6 右）。光沢異方性の存在は、木材
の光沢が照明方向や観察方向によって変化することを意味する。材面を塗装す
ると光の透過性が変わり、光沢異方性が一層強調される。また、材面に対する
繊維の傾斜によっても光反射の方向が変化し、トチノキやカエデなどに現れる
縮み杢（波状杢）、交錯木理を生じやすい樹種から木取られたまさ目板のリボン

杢、挽き板の節周りなどは、材面に対して繊維のなす角度が目まぐるしく変化しているため、照明、材面、観察者の位置関係によって光反射がダイナミックに変わる照りの移動が観察される。

## 12.2 触覚刺激としての木材

　人体は皮膚で覆われ、皮膚を介して外界と接している。皮膚は身体内部の組織を保護する役割を果たすとともに、最も広い面積を有する感覚器官でもある。人の皮膚には触覚、圧覚、温冷覚、痛覚などの皮膚感覚の感覚受容器が分布しており、対象物との接触によって様々な情報を得ることができる。人が多孔体である木材の表面に触れるとき、無数の凹凸がこれらの感覚受容器を刺激する。皮膚への局所的な機械的刺激によって、木材特有の温冷感、硬軟感、粗滑感などが生じる。

### 12.2.1 温冷感

　室内に放置された木の板と鉄板に同時に手で触れると、両者の表面温度は室温に等しいにもかかわらず、木材の方が「あたたかく」感じられるはずである。このような接触温冷感は、身体と材料の接触面における熱の移動に伴う局所的な温度変化によって引き起こされると考えられる。つまり、木材が「あたたかい」のは、温度の高い身体から温度の低い木材へと逃げる熱の移動が他の材料に比べて遅く、身体から奪われる熱が少ないからである。

　材料の熱的性質を表す物理的な指標としてしばしば用いられるのが熱伝導率である。熱伝導率は物体内での熱の移動のしやすさの程度を表す材料定数で、熱伝導率の小さい材料ほど熱を伝えにくく、断熱性が高いと評価される。建築に用いられる様々な材料どうしで比較すると、木材の熱伝導率は鉄やコンクリートよりも1～3桁も小さい(図12-7)。材料の熱伝導率とそれらに触れたときの接触温冷感との間には高い相関関係が見出されており、熱伝導率の大きい材料ほど「つめたい」印象を与えやすい。また、木材どうしで比べると、密度の大きい重い材ほど熱伝導率が大きいので、例えばカシやケヤキなどは密度の小さいスギやキリに比べると触れたときに「つめたく」感じられる。さらに、

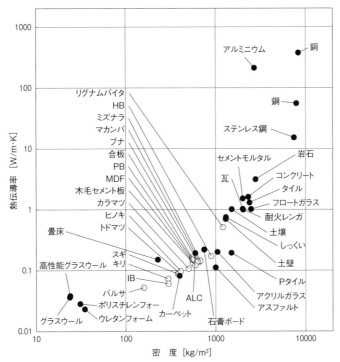

図 12-7 建築に用いられる材料の密度と熱伝導率
○:木材・木質材料、●:非木質系材料

木材の熱伝導率には異方性があり、繊維方向の熱伝導率は繊維直交方向の約 2 倍である。そのため、木口面に触れたときの方がまさ目面や板目面に触れたときよりも「つめたく」感じられる。

## 12.2.2　硬軟感

　木材を含む建築に用いられる種々の材料の硬軟感を人の感覚に基づいて評価させると、木材は「かたい－やわらかい」の心理尺度のちょうど中間（どちらでもない）に位置する（佐道 1989，岡島 1995；図 12-8）。木材が鉄やコンクリートと比べて柔らかく、布やスポンジに比べて硬いことは誰にでもわかるので、これは結局のところ比較の問題であり、当然の結果といえる。しかし、むしろ、様々な材料の中にあって、特に「かたく」も「やわらかく」もない「中庸のかた

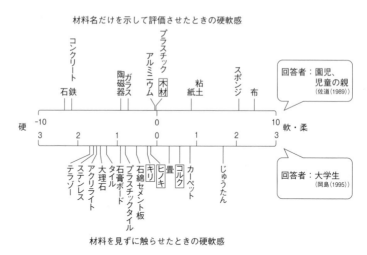

材料名だけを示して評価させたときの硬軟感

回答者：園児、
児童の親
（佐道(1989)）

硬 -10 ──────────── 0 ──────────── 10 軟・柔
3     2     1     0     1     2     3

回答者：大学生
（岡島(1995)）

材料を見ずに触らせたときの硬軟感

**図12-8** 様々な材料の硬軟感および快適感（岡島 1995、佐道 1989 より作図）

さ」こそ、木材特有の“人に近い”性質といえる。

　木材の中庸のかたさは、住宅の床などで活かされている。人が直立二足歩行するとき、その衝撃力のほとんどは足部が受け、種々の関節に相応の負担がかかる。そのことを気づかって厚いじゅうたんを敷くと、足にかかる衝撃はじゅうたんが吸収してくれるが、柔らかい床の上で体位のバランス保つために常に踏ん張る必要が生じる。一方、木材は床として必要な剛性を維持しつつ、踏み込んだ時の衝撃を木材組織の局所的な変形によって緩和する。また、床材が板バネのようにたわみ変形する衝撃吸収効果も期待できる。これによって歩行時の衝撃を適度に吸収して快適な歩行感をもたらすとともに、転倒しても大事に至らない安全性も付与する。

　木材の硬さを定量的に表すのに一般的に用いられるのはJISに規定されためり込み硬さ（ヤンカ硬さ）と表面硬さ（ブリネル硬さ）である。前者は材面に直径11.3 mmの鋼球を押しつけ、材面の凹み量が鋼球の半径にまで達するのに必要な荷重で評価する。後者は直径10 mmの鋼球を材面に深さ$1/\pi$ mm（約0.32 mm）まで圧入するのに必要な荷重を接触面積（約10 mm²）で除して評価する。いずれも材面に鋼球を押しつけることで生じる凹みに対する抵抗力を求めており、この数値が大きいほど硬いとみなされる。なお、木材の硬さは面によって異な

り、縦断面（板目面、まさ目面）の硬さ
は木口面の3分の1程度である（図12-
9）。

### 12.2.3 粗滑感

　木材はパイプ状の細長い細胞の集
合体なので、材面にはこれらのパイ
プが切断されたときにできる微細な
凹凸が現れる。鋭利な刃物で切削す
ることで凹凸の縁が強調され、凹部
がかえって目立つようになることも
ある（図12-10）。また、密度の大きい

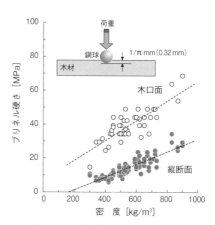

図12-9　木材の密度と表面硬さの関係
（木材工業編集委員会 1966 より作図）

部分よりも小さい部分の方が切削加工時の抵抗が小さく削れやすいため、例え
ば針葉樹材の切削では柔らかい早材部が硬い晩材部よりも大きくえぐられて、
材面に年輪幅に同調した凹凸が現れることがある。さらに、加工用刃物の切削
痕（ナイフマーク）が比較的ピッチの大きい凹凸として残ったり、塗装によって
凹部が浅くなったり完全に埋められたりすることもある。このような材面の大
小様々な凹凸が木材に触れたときの粗滑感に大きく影響する。

　触針式表面粗さ計で測定された粗さプロファイルの最大高さと、それらの材
を被験者に触らせて得られた心理的粗さの間には正の相関関係が認められる

240番手のサンド
ペーパーで研削

超仕上げかんな盤
で切削

図12-10　仕上げによる表面凹凸の相違（供試材：ホワイトオーク）

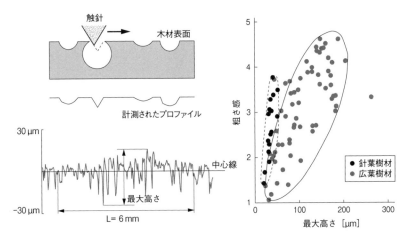

**図12-11**　表面粗さプロファイルの最大高さと粗さ感の関係（右図：佐道 1977 より作図）

（**図12-11**）。ただし、針葉樹材と広葉樹材とでは粗さ感に効く主要因が異なることが指摘されており、前者では年輪ごとの凹凸の周期と深さ、後者では道管開口部および孔圏部（環孔材の場合）の凹凸と密度の影響が大きい。手が材料の表面を移動するときの摩擦抵抗を粗滑感の指標とすることも試みられており、動摩擦係数の小さい材料の方が「なめらかな」印象を与えやすい。

　塗装によって表面粗さの状態を段階的に変更した木材試料を用意して、その表面を繊維直交方向に被験者に五指の腹で擦らせる実験が行われた。その際、

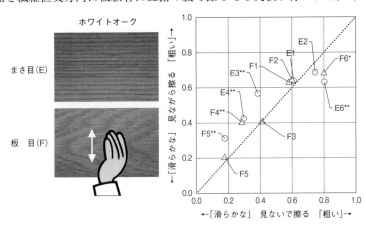

**図12-12**　木材試料を擦ったときの粗滑感への視覚の影響（仲村 2018 より作図）

試料を「見ないで擦る」と「見ながら擦る」の2条件が設定され、両条件での粗滑感の比較が行われた（仲村2018；図12-12）。見ないで擦ったときは指先の感覚だけで材面の粗さが評価されるが、見ながら擦ると粗滑感の評価に視覚に基づく判断が被る、すなわち、視覚バイアスが混入する可能性がある。

すると、視覚の有無に粗滑感が影響されない試料（図12-12　E1, E2, F1, F2, F3, F5）がある一方で、見ながら擦ったときの方が見ないで擦ったときよりも統計的に有意に「粗さ」が増す試料（同E3, E4, F4, E5）と、有意に「粗さ」が減じる試料（同E6, F6）が認められた。このとき、粗さが増した試料では見ながら擦ったときの「つるつる」感が有意に下がり、一方、粗さが減じた試料では見ながら擦ったときの「ざらざら」感が有意に下がるという、粗滑感に及ぼす視覚バイアスの構造も見出された。日常生活において、人はものを見ながら触ることが多いが、このとき感じている手触りには、視覚の影響が暗黙のうちに混入していると考えられる。

## 12.3 聴覚刺激としての木材

コンサートホールや芸術劇場など、音楽を鑑賞する空間には大量の木材が使用されることが多い。また、そこで使用される楽器の多くも木製である。そして、その空間で楽器を奏で、音色を味わうのは人である。このような木材と人の関わりが存在しなければ、現代の豊かな音楽は成立しなかったかもしれない。

### 12.3.1　聴覚と音

#### (1)　音の3要素

音波とは、空気中に置かれた音源が発した振動によって空気粒子がある方向に行きつ戻りつするときに、圧力の小さい疎の部分と圧力の大きい密の部分を交互に生み出しながら空気中を伝播する疎密波（空気中を伝わる波動）である。人が知覚する音、すなわち聴覚は、この空気の波が人の鼓膜に到達し、鼓膜を揺するところから始まる。音の感覚的な属性には、大

表12-1　音の特性

| 物理的な属性 | 感覚的な属性 |
|---|---|
| 強さ（intensity）[dB] | 大きさ（loudness） |
| 周波数（frequency）[Hz] | 高さ（pitch） |
| 波形 | 音色（timbre） |

きさ、高さ、音色の3要素があり、それぞれに音の物理的な属性が関与する（**表12-1**）。

## (2) 音の大きさ

音源が空気を振動させることで生じた大気圧の変化量を音圧と呼び、圧力と同じ単位であるPa（パスカル）で表す。人の聴覚系が検知できる音圧の範囲は20 μPa〜20 Paとされる。最小音圧の20 μPaは人の聴覚のいき値（ぎりぎり感知できる最小値）に近い。物理的な音の強さは鼓膜に衝突する空気粒子のエネルギーで見積もられ、これは音圧の2乗に比例する。この音の強さの指標として用いられるのが音圧レベルで、dB（デシベル）単位で表される。音圧レベルは基準音圧（20 μPa）に対する任意の音圧の比を対数表示したもので、0 dB：人の聴力限界、20 dB：木々の葉の触れ合い、40 dB：図書館内、60 dB：普通の会話、80 dB：地下鉄の車内、などの音の大きさに相当する。

人が聞き取れる音の範囲は周波数20 Hz〜20 kHzの範囲とされるが、その感度は周波数によって異なり、音圧レベルが等しくても周波数が異なると知覚される音の大きさが異なる。また、そもそも音圧レベルは音の大きさの心理量ではない。そこで、任意の周波数の音と同じ大きさ（ラウドネス）に聞こえる1 kHzの純音の音圧レベルをフォン（phon）と定義して、周波数と音圧レベル、そして心理的な音の大きさとの関係が等ラウドネス曲線として示された（**図12-13**）。この曲線は人の聴力の周波数感度特性を表しており、耳の感度が低周波数域で非常に悪く、2〜5 kHz付近で最も鋭くなることなどがわかる。また、40〜100フォンの音圧レベルにおける10フォンの増減は、感覚的に概ね2倍または2分

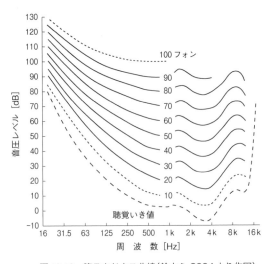

**図12-13** 等ラウドネス曲線（鈴木ら 2004より作図）

の1倍の音の大きさの変化に対応する。つまり、音の物理的な強さの変化に対して感覚的な音の大きさは対数的に変化するのである（10倍の変化で2倍に感じる）。

**(3) 音の高さ**

感覚的な音の高さは、純音の場合その周波数に対応し、周波数が2倍になると音は1オクターブ高く感じられる。ただし、例えば木材を叩いたときに聞き取られる音のように、日常生活での音の多くは、多数の周波数成分が混じり合った複合音である。この場合の音の高さは基音となる最低周波数成分に主に依存するが、音圧や波形も関係し、純音よりもわずかに低くなることも指摘されている（大串 2017）。

**(4) 音色**

ヴァイオリンやピアノなどの楽器が奏でる音、小鳥のさえずり、また、木材の打音など、音には個性があり、その個性が音色である。音色は、音の強さ、基本周波数、音響スペクトル、周波数の時間変化、音圧の立ち上がりと立ち下がり（減衰過程）など、時間にも依存する多くの物理的な要素で特徴づけられるため、その解析は音の大きさや高さに比べてかなり複雑である。しかし、ここに木材ならではの音、金属ならではの音のような、材料特有の音を特徴付ける情報が多く含まれている。また、音色の特徴が、「太い・細い」「かたい・やわらかい」「明るい・暗い」「温かい・冷たい」などの心理的表現で表されることも多い。

## 12.3.2 木材の音響特性

木材を発音体とする打楽器（マリンバやカスタネットなど）や木材を響板に用いる弦楽器（ピアノやヴァイオリンなど）など、木材は多種多様な楽器に用いられている。その発音機構は、打楽器では木材を直接打撃することで生じた振動による音波の放射であり、弦楽器では弦の振動が響板で増幅されたことによる音波の放射である。一方で、木材および木質材料は建築物の内外装材として用いられる際に、騒音や音場の制御に一役買っている。双方の用途に共通する木材の基礎的な性質はその振動特性であり、楽器用材の場合は音の放射や減衰が、建築材料の場合には遮音や吸音が、それぞれ重要となる。ここでは前者につい

て述べる。

　一般に材料の振動特性はその密度、ヤング率、そして振動減衰率によって定まる。固体中の音波の伝搬速度(音速)$c$ [m/s]、材料への音の伝わりやすさを示す固有音響抵抗$R$ [kg/m²s]、振動が音に変換される程度を表す音響放射減衰率$D$ [m⁴/kgs]、そして、内部摩擦による対数減衰率$\lambda$は、次式で表される。

$$c=\sqrt{E/\rho},\ R=c\rho=\sqrt{E\rho},\ D=c/\rho=\sqrt{E/\rho^3},\ \lambda=\ln(a_n/a_{n+1})$$

ここで、$\rho$：密度、$E$：ヤング率、$a_n/a_{n+1}$：減衰曲線における隣り合う振幅比、である。

　木材は密度が小さい割にヤング率が大きいため、木材中の音波の伝搬速度は鉄やアルミニウムと同程度で、繊維方向、半径方向および接線方向の伝搬速度はそれぞれ3000〜6000 m/s、1200〜1800 m/s、700〜1300 m/sである。この伝搬速度は、樹種、温度、含水率などの影響を受ける。

　材料に振動を与えるとその振幅は次第に小さくなり、やがて静止する。これは、与えた振動エネルギーが材料内部で生じた摩擦によって熱に変わり、消散するためである。対数減衰率$\lambda$はこの内部摩擦の大きさであり、これを円周率で除した損失正接($\tan\delta=\lambda/\pi$；$\delta$は材料に与えた振動に由来する応力に対して、ひずみがどのくらい遅れて生じるかを、角度で表したもの)は、外から与えたエネルギーに対する木材内部での消費エネルギーの比である。内部摩擦が小さい材料ほど長く振動し続けてよく響くことになるが、木材の繊維方向の内部摩擦(損失正接)は$3\times10^{-3}$〜$1.5\times10^{-2}$で、最も内部摩擦の小さい木材でも鋼やアルミニウムと比べて10倍も大きい。また、木材の内部摩擦は樹種、含水率、振動方法、

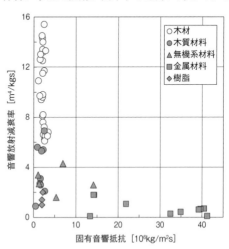

図12-14　各種材料の固有音響抵抗と音響放射減衰率の関係

表12-2　楽器に使用される木材(矢野 1987、矢野 2007 より構成)

| 楽器の種類 | 楽器名 | 樹種(密度 [kg/m³]) |
|---|---|---|
| 木材を発音体とする打楽器 | 木琴，マリンバ | ホオノキ(440)，カツラ(450)，シタン(1080)，ホンジュラスローズウッド(980) |
| | 拍子木 | アカガシ(890)，シラカシ(870) |
| | カスタネット | ローズウッド(820) |
| | 木魚 | クスノキ(480)，イチョウ(510)，ホオノキ(440) |
| 木材を響板に用いる弦楽器 | ピアノ | ドイツトウヒ(410)，シトカスプルース(420)，アカエゾマツ(響板)(450)，カエデ(アクション)(630)，ツゲ(駒)(710) |
| | バイオリン | ドイツトウヒ(表板)(410)，カエデ(裏板，駒，さお)(630) |
| | クラシックギター | ドイツトウヒ(410)，シトカスプルース(420)，アカエゾマツ(450)，ベイスギ(表板)(340)，ブラジリアンローズウッド(950)，インディアンローズウッド(裏板，駒)(840) |
| | 琵琶 | キリ(260)，クワ(薩摩琵琶)(560) |
| | 琴 | キリ(260) |
| 木材を共鳴管とする木管楽器 | クラリネット | グラナディラ(1200)，カエデ(630)，ツゲ(710) |
| | リコーダー | ツゲ(710)，カエデ(630)，ナシ(650)，サクラ(600) |
| | 尺八 | マダケ(690) |
| 木材を胴部に用いる胴鳴楽器 | 太鼓 | ケヤキ(580)，センダン(580)，マツ(530) |
| | 鼓 | サクラ(620) |
| | 三味線 | ローズウッド(950)，タガヤサン(780) |

方向によって異なり、繊維方向が最も小さく、繊維直交方向はその2〜3倍の値を示す。

　一方で、木材は金属やガラスなどの他材料に比べて固有音響抵抗 $R$ が小さい(音が伝わりやすい)と同時に、音響放射減衰率 $D$ が大きく、振動が音に変換されやすい性質を併せ持つ(図12-14)。そのため、木材は内部摩擦が大きいものの、金属や高分子材料に比べて音響変換効率に優れた材料といえる。

　木材のそのような振動特性は楽器用材として古くから活かされてきた。例えば、ピアノやヴァイオリンなどの弦楽器の場合、弦自体の振動から放出される音は大した大きさではなく、その音に共鳴する響板によって増幅されて楽器音となる。響板に頻用される樹種はドイツトウヒ、シトカスプルース、エゾマツなどで(いずれもトウヒ属)、図12-14の左端(固有音響抵抗小)の上部(音響放射減衰率大)に位置している。また、これらの樹種の対数減衰率は、木材の中では比較的小さい。すなわち、響板には、密度が小さく(軽い)、ヤング率が大きくて(変形しにくい)、損失正接が小さい(振動が持続)木材が適していることに

なる。**表12-2**に代表的な楽器における木材の使われ方を示す。

　響板に限らず、楽器に適した木材には様々な条件や制限があるので、これら
を満たす木材の確保が年々難しくなってきている。そのため、代替材の探索や、
化学処理で低質材の物性を変えることなどが種々試みられている。

## 12.4　嗅覚刺激としての木材

　自然の産物である木材の香りは、多数の化学成分で構成されており、それら
は嗅覚を刺激する情報として鼻から脳へ伝達され、人の心と身体に様々な変化
を引き起こす。本節では人の嗅覚のメカニズムから木材の香りを構成する化学
成分、そして人の心や身体へ与える効果について取り上げる。

### 12.4.1　人の嗅覚のメカニズム

　嗅覚は、大気中に含まれる化学物質によって引き起こされる感覚である。進
化の早い段階で生き物が獲得した非常に原始的な感覚であり、味覚とともに化
学感覚と呼ばれる。

　人の身の周りの空気には、木材の香りに限らず、様々なにおいの元、すなわ
ち香り成分が漂っている。この香り成分はまず外鼻孔から鼻腔に入り、鼻腔の
奥に広がる嗅上皮に到達する。嗅上皮には神経細胞である嗅細胞、支持細胞、
基底細胞の3種類の細胞が存在し、これらはボウマン腺から分泌される嗅粘液
に覆われている。嗅上皮に到達した香り成分はこの粘液に溶け込み、嗅細胞の
繊毛上の嗅覚受容体に結合する。ここで香り成分という化学物質は電気信号に
変換されて、神経線維（軸索）を介して脳の底部に位置する嗅球へと伝達される。
その後、嗅神経を介してさらに高次の嗅覚中枢（嗅皮質）へと情報が伝えられる。

　嗅皮質の領野である梨状皮質や扁桃体、海馬などでは、経験や記憶などの情
報の照合が行われ、大脳皮質ではこれらの情報が統合されて、香りの識別や認
知、記憶などのさまざまな反応が起こる。また、嗅覚の信号は五感の中で唯一、
直接的に扁桃体（感情の中枢）や視床下部（生体機能の調整）などに送られており、
そのため香りは、五感の刺激の中で最も情動的な反応や無意識の生理的変化を
引き起こしやすいと考えられている。

　嗅覚は、同じ香りでも敏感に反応する人とあまり感じない人がいるように個人差が大きく、また、同一個人でもそのときどきで香りに対する感度は変わりやすい。これらの嗅覚の感度に影響を及ぼす要因として、身体的な疲労や空腹などの生理的な状態、糖尿病や認知症などの疾病、喫煙習慣、年齢、ホルモンバランス、精神的な状態などがある。さらに、香りを嗅いでからしばらくすると感じなくなる嗅覚疲労が生じやすいことも嗅覚の特徴のひとつである。

### 12.4.2　木の香りの化学成分

　木材の香りの多くは、含まれている精油に由来する。精油の成分は主にテルペン類であり、多くは、鎖状および環状のモノテルペン類やセスキテルペン類である。テルペン類は、木材の抽出成分のなかでも、いくつかの共通した特徴を持つ。例えば、低分子量で揮発性であること、水および脂質にある程度の溶解性があること、分子内にヒドロキシ、アルデヒド、ケトン、エステル、エーテル、カルボキシル基などの官能基および不飽和結合を持つことなどである。国産材に含まれる主な精油成分を表12-3に示す。

　精油には数十種類以上のテルペン類が少量ずつ含まれており、おおよそ類似の化合物も含まれているが、樹種によってその成分組成が大きく異なる。このことから、樹種ごとにそれぞれ特徴的な香りをもつことになる。なかにはスギやヒノキのカジネン類、マツの$\alpha$-ピネン、ヒバのツヨプセン、クスノキのカンファーのように、量的に比較的多く含まれており、その材の香りの主たる役割を果たしているものもある。

　植物から精油を抽出する方法には、大きく分けて有機溶剤抽出法や圧搾法、水蒸気蒸留法があるが、木材から精油を抽出する際は、水蒸気蒸留法が使われることが多い。水蒸気蒸留法は、原料を細かくして蒸留器に入れ水蒸気を吹き込み、原料に含まれる精油成分を蒸気と共に留出させて、水と精油成分を分離して精製する方法である。また最近では、新しい技術としてマイクロ波加熱を利用した水蒸気蒸留法、さらに減圧処理を併用した装置も開発されており、目的とする香り成分の化学特性などに合わせた抽出方法が選択される。

　私たちの鼻は、木材の精油成分のうち、空気中に揮発して漂っている香り成分を吸い込んでいる。空気中に漂う香り成分を捕集管等で捕集して分析するこ

表12-3　主要樹種の主な精油成分（城代 1993、谷田貝 2006 より作成）

| 樹　　種 | 成　　分 |
|---|---|
| ヒ　ノ　キ | α-ピネン、ボルネオール、γ-カジネン、α-カジノール |
| ス　　ギ | δ-カジネン、β-オイデスモール、クリプトメリオール、クリプトメリジオール |
| サ　ワ　ラ | α-カジネン、α-カジノール、δ-カジノール |
| ネ　ズ　コ | α-ピネン、カンフェン、フェンケン、ボルネオール、ヒノキチオール |
| ヒ　　バ | ツヨプセン、ヒノキチオール、クパレン、セドロール |
| ク　ス　ノ　キ | カンファー、1,8-シネオール、サフロール、リモネン |
| ツ　　ガ | α-ピネン、カンフェン、ボルニルアセテート、ボルネオール |
| コノテガシワ | ツヨプセン、ヒノキチオール、γ-ツヤプリシン、セドロール |
| コウヤマキ | セドレン、セドロール、ジテルペン |
| ア　カ　マ　ツ | α-ピネン、β-ピネン、α-テルピネオール、ジテルペン |
| ト　ド　マ　ツ | ボルニルアセテート、α-ピネン、β-ピネン、カンフェン、α-フェランドレン、β-フェランドレン |
| カ　ラ　マ　ツ | α-ピネン、β-ピネン、ボルニルアセテート |

とにより、精油成分のうち揮発性の高い成分ほど空気中への放散量が多くなることや、湿度も成分組成や放散量に影響することなどが示されており、空気中の木材の香りの組成は精製された精油とは少し異なっている。また、成分ごとに人が感じる香りの強さも異なるので、少量しか含まれていなくても香り全体の印象に大きな影響を及ぼすこともある（谷田貝ら 1995；大平 2007, 2012）。

### 12.4.3　木材の香りが人に及ぼす影響

　日本には、古来より生活の様々な場面で木材を使い慣れ親しんできた文化があり、木材の香りもまた馴染みの深いものである。木材の香りへの関心は従来から高く、最初は化学的な特性の解明や動物を使った実験を介して、その後は人の直接的な測定を介して、香りがもたらす様々な効果が明らかにされてきた。葉の香りにはモノテルペン類が多く含まれており、軽く爽やかに感じられるのに比べて、木材の香りにはセスキテルペン類が多く、少し重みのある落ち着いた印象を人に与える。これらの木材の香りが人の心や身体に与える効果について、これまでにスギやヒノキ、ヒバ、サワラ、アカマツ、コウヤマキ、ヒメコマツ、クロモジなどの多くの樹種で調べられており、それらの樹種に含まれるα-ピネンやセドロールといった単一成分についても検討されてきた。

　人の心や身体の状態を測る方法には様々なものが知られているが、木材の香りの研究では、心の変化については質問紙による印象評価、気分（感情）プロ

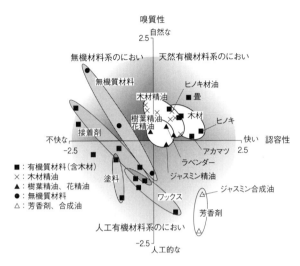

**図12-15** 香りに対する嗜好性（寺内ら 1993より作図）

フィール検査（Profile of Mood State, POMS）などが用いられてきた。また、身体の変化を調べるために、自律神経系活動や唾液中のストレス物質などの分析に加え、直接、脳活動を測る方法が用いられてきた。

　人の居住環境を構成する様々な材料から放散されるにおいを嗅がせて、その印象を評価させると、スギやヒノキなどの木材から自然に揮発する香り成分は、嗅ぐと快く、素朴で自然な香りに分類される（**図12-15**）。

　スギやヒノキ、ヒバの香り、α-ピネンやセドロールには、副交感神経活動の増加や心拍数の低下、脳の活動を落ち着かせる効果があることなども報告されており、木材の香りによるリラックス効果が明らかにされつつある。また、室内にスギやヒノキの香り、α-ピネンを漂わせることで、ストレスを感じやすい作業中でもリラックスしたり、疲労感や唾液中のストレス指標が減少したりすることも報告されている。さらに、ヒノキの香りを漂わせた部屋に宿泊することにより、NK活性（免疫系細胞の活性の指標）が統計的に有意に上昇するとともにストレス指標であるノルアドレナリンが有意に減少する、すなわち木材の香りが人の免疫機能を上昇させる効果も報告されている（**図12-16**）。

　木材の香りが人の心や身体に好ましい効果を与えることについて、科学的な

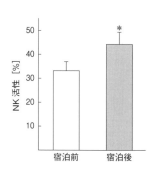
ヒノキ材精油を揮発させた室内に3日
間宿泊した前後のNK活性の変化

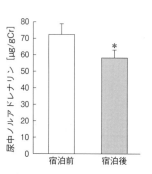
ヒノキ材精油を揮発させた室内に3日
間宿泊した前後の尿中ノルアドレナ
リン濃度の変化

**図12-16**　ヒノキの香りによるNK活性およびノルアドレナリン濃度への影響
（Li *et al.* 2009を改変）

データが蓄積されつつある。一方で、香りは構成成分の組合せや全体の濃度に
よって好ましく感じられたり不快に感じられたりするものであり、万人受けす
る香りの提供は難しい。木材の香りを空気中に漂わせる際には、それが「香害」
にならないような注意も必要である。

　深呼吸が心身をリラックスさせることは経験的にもよく知られているが、快
い香りは呼吸をゆったりと、深くすることが知られている。木材の香りの適切
な活用により、多くの人の心や身体をより穏やかにする空間づくりにつながる
ことが期待される。

### ●参考図書

石丸 優ら（編）(2022)：『木材科学講座3　木材の物理　改訂版』. 海青社.

高橋 徹ら（編）(1995)：『木材科学講座5　環境』. 海青社.

宮崎良文, 池井晴美（編著）(2022)：『木材セラピー —— 木のやさしさを科学する』. 創元社.

木構造振興株式会社 (2017)：『科学的データによる木材・木造建築物のQ＆A　木材・木造建築
　　物はどのような効果をもたらしますか？』. 林野庁.（https://www.rinya.maff.go.jp/j/
　　mokusan/attach/pdf/handbook-24.pdf）.

# 13章　木材乾燥

## 13.1　木材乾燥の基礎

### 13.1.1　木材乾燥の必要性

　生材を材料として利用すると、いずれ利用上問題となる収縮を起こす。さらに、収縮異方性や含水率傾斜が原因で変形や割れも生じる。また、乾燥していない材の湿潤状態が長時間続くと、腐朽菌、変色菌や昆虫による被害を受けやすい。このように、乾燥していない木材を材料として利用すると、多くの支障がでてくる。具体的な木材乾燥の必要性を挙げると、次のとおりである。

　① 使用場所に応じた含水率に変化する過程で生じる収縮、変形を防止する。
　② 変色菌や腐朽菌や昆虫による被害を防止する。
　③ 重量を下げる。
　④ 強度的性能を上げる。
　⑤ 防腐薬剤や不燃薬剤などの注入性を上げる。
　⑥ 電気抵抗や断熱性を上げる。
　⑦ 接着性能を上げる。

### 13.1.2　乾燥機構

#### (1)　乾燥に伴う水分含有状態

　伐採直後の水分を多く含む木材のことを生材という(木材乾燥の分野では未乾燥状態の木材のことを生材と解釈する場合もある)。生材は細胞壁が結合水で満たされ、細胞内腔には自由水と空気が存在する。乾燥の進行とともに自由水が先に減少し、やがて細胞壁は結合水で満たされたまま自由水だけが無くなった状態となる。このときの 含水率状態を繊維飽和点といい、概ね含水率は28～30％である。さらに乾燥が進むと結合水が減少する。木材はいずれ周囲の温湿度に応じた含水率(平衡含水率)に達する。また、大気内で安定した状態を気乾状態という(**図 13-1**)。

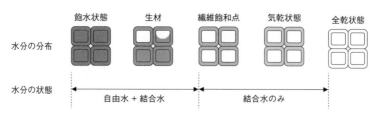

**図13-1**　木材中の水分状態とその模式図(信田・河崎 2020)

　自由水は、細胞壁の壁孔などを介して隣り合う細胞間を移動する。自由水が液体のまま移動するための駆動力は毛管力と圧力差が考えられる。空気との境界面で自由水が蒸発すると、メニスカスの引張力が変化し、釣り合いを保つように自由水が移動する。この毛管力を駆動力とする水分移動は、自由水が積極的に材外へ排出されるものではなく、木材内部で自由水の保持される位置が変わるものである(寺澤ら 1998)。沸点以上の乾燥では、乾燥初期に木口面や節の周辺部から自由水が噴き出る。これは材内部が半密閉状態で昇温されることで材内の絶対圧力が外周雰囲気より高くなり、この圧力差によって自由水が外部へ押し出されたものである。一方、結合水は、細胞壁内を結合水のままの移動と、水蒸気になって細胞内腔を移動する経路が考えられる。

**(2)　木材乾燥ステージの特徴**

　木材の乾燥は、材表面からの水分蒸発と、材内部から表面への水分移動によって行われる。生材を乾燥すると木材表面で自由水が蒸発するとともに、内部の自由水が表面に移動する。この段階の含水率の低下は表面の自由水の蒸発に依存するため乾燥速度は一定であり、表面の含水率が繊維飽和点までのごく短い期間(恒率乾燥)である(**図13-2**)。

　さらに乾燥すると、表面含水率が繊維飽和点を切り、表面の結合水が蒸発して乾燥が進む。表面の含水率が平衡含水率になるまで乾燥速度が低下してくる期間(減率乾燥第1段)である。表面の含水率が平衡含水率に達した後は含水率の低下は内部水分の移動に依存し、乾燥速度はさらに低くなる期間(減率乾燥第2段)となる。

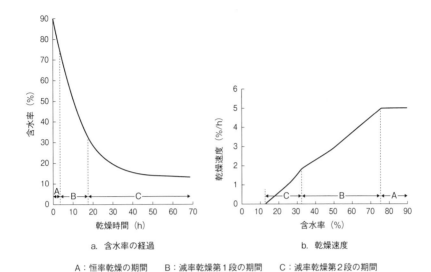

a. 含水率の経過　　　　　　　b. 乾燥速度

A：恒率乾燥の期間　　B：減率乾燥第1段の期間　　C：減率乾燥第2段の期間

**図13-2**　木材乾燥の含水率および乾燥速度の経過（寺澤ら 1955）
イヌブナ辺材、板目、厚さ2.1 cm、全乾密度 0.52（g/cm³）
風速 0.7 m/s、乾球温度 60℃、湿球温度 55℃

## 13.1.3　乾燥応力と損傷

### （1）　乾燥応力の発生

　減率乾燥の期間では表面が繊維飽和点を切り、表層が収縮しようとする。一方、内層部は高含水率のままで収縮しないため表層は引張応力が生じ、内層部は圧縮応力となる。このように、乾燥に伴う収縮の相対的な差により乾燥応力が発生する。

### （2）　ドライングセット

　乾燥初期に引張応力が発生する表層部は、無荷重の乾燥収縮ひずみに比べ相対的に伸びのひずみが蓄積することになる。この残留ひずみを引張セットという。逆に乾燥初期に圧縮応力が発生する内層部は、無荷重の乾燥収縮ひずみに比べ相対的に縮みのひずみが蓄積し、この残留ひずみを圧縮セットという。このように、乾燥過程で生じた引張セットや圧縮セットを総じてドライングセットという。

## (3) 乾燥応力の推移とそれに伴う損傷

　木材が乾燥する場合、乾燥初期にまず表層で乾燥収縮する。一方、内層部はまだ乾燥収縮しないため表層で引張応力が生じ、内層部は圧縮応力となる（**図13-3**）。

　この段階の乾燥応力が原因で発生する欠点として表面割れが挙げられる。乾燥初期の応力分布は表層で引張応力、内層で圧縮応力の状態であり、この応力状態で乾燥が進むことになる。すると表層には引張、内層には圧縮のドライングセットが形成される。そのため、乾燥後期の含水率分布が小さくなる段階では、相対的に表層よりも内層で収縮が進むことになる。この乾燥収縮の差から表層は圧縮応力、内層で引張応力となり、結果的に乾燥応力は乾燥初期とは逆の応力分布になる（**図13-4**）。これを応力の転換と呼ぶ。乾燥後期の応力が原因で発生する欠点として内部割れが挙げられる。乾燥終了時、この応力分布が大きい時は、その後の表面削りや小割などの加工時に変形する問題が起こる。こ

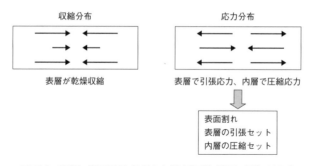

**図13-3** 乾燥に伴う収縮と乾燥応力（乾燥初期）（信田・河崎 2020）

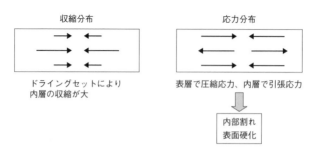

**図13-4** 乾燥に伴う収縮と乾燥応力（乾燥後期）（信田・河崎 2020）

のような応力状態を表面硬化という。

### (4)　木取りと乾燥変形

　板材の乾燥変形として、幅ぞり、曲がり、反り、ねじれ、がある（図13-5）。これらは、木材が元々持つ収縮異方性、未成熟材から成熟材に至る軸方向収縮率の違い、らせん木理などの材質が主な原因であり、乾燥スケジュールなどで完全に防止することはできない。

　以上の髄を含まない板材や角材は乾燥スケジュールなどで大きな乾燥応力が発生しないようにすれば、乾燥割れを防止することができる。一方、髄を含む心持ち角材

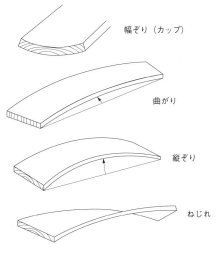

**図13-5**　板材の各種変形（寺澤 2004）

などは、含水率分布が無いように乾燥しても髄を中心とする放射方向の収縮率よりも接線方向の収縮率は大きいことから、通常の乾燥スケジュールでは表面割れを防ぐことはできない。この表面割れの原因となる収縮率の違いを無くす方向に意図的にドライングセットを形成する手法（高温セット法）が開発（吉田ら2000）され、背割りがない心持ち角材の割れ止め乾燥法が普及してきた。

### (5)　乾燥と強度

　構造用製材の乾燥方式が同じであっても、乾燥スケジュールの違いによって強度が異なる可能性がある。特に、スギ心持ち無背割り正角材の材面割れを抑止するための高温での乾燥スケジュールによっては強度が変化することが示されている。**図13-6**は、高温セット（乾球温度120℃、湿球温度90℃）

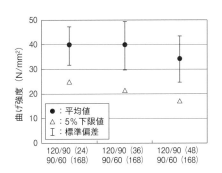

**図13-6**　スギ心持ち柱材の乾燥条件と強度
（石川県林業試験場 2012）

の時間を変えて乾燥した材の曲げ強度を比較した結果である（石川県林業試験場、2012）。高温セットの時間が長くなるに従って低くなる傾向がみられる。

### 13.1.4 各種乾燥方法

#### (1) 乾燥前処理（生材木材での処理）

**a) 葉枯らし**　　樹木を伐倒後、枝葉をつけたまま林内に放置し、樹幹内の水分が葉から蒸散することを利用した丸太の乾燥処理方法である。主に辺材の自由水減少を期待したもので、季節や期間によっては虫食いや変色菌、腐朽菌などの被害を予防する必要がある。

**b) 背割り**　　心持ち柱材の乾燥前に、**図13-7**のように背割りと呼ばれる溝加工をすると、背割りが拡がることで、柱の他の面の割れ発生を抑制する効果が期待できる。

**図13-7** 背割り柱材

**c) 燻煙熱処理**　　廃木材を燃料にした燻煙炉内で原木丸太を処理すると、その熱処理による製材時のひき曲がり防止、歩留まり向上が期待できる。これは丸太の成長応力が緩和することによるものである（藤本 1996）。また、辺材自由水の減少とともに、ヤニを有する木材ではヤニ処理効果もある。

**d) 爆砕処理**　　難乾燥材の水分通導性を改善して乾燥性を向上する処理である。圧力容器の中で生材を飽和蒸気で加熱し、細胞内の圧力を高くした後、一気に常圧に戻す処理。処理が強いと割れが生じるので、適度な処理を繰り返す。この処理は、特に減圧乾燥の乾燥速度を高めることに効果的であるとともに、蒸気式乾燥による割れ低減も期待できる。

**e) 蒸煮減圧処理**　　蒸煮して木材を加熱し、その後減圧すると、材に蓄えられた熱エネルギーと缶内圧力低下による沸点の低下で、ある程度の水分を短時間で蒸発させることができる。また、処理後の乾燥の促進、ヤニ処理、心持ち柱などの乾燥割れ低減などが期待できる（信田ら 2020）。

#### (2) 天然乾燥

　人工乾燥のような熱源を使わず、大気のもとで桟積みなどをして材間の風通

しをなるべく良くして乾燥する手法である。大気環境での温度、湿度による乾燥であり、高温での乾燥欠点はないが、乾燥初期の湿度は比較的低くなり制御もできないため、割れなどが生じやすい。乾燥時間は長く、大気環境の平衡含水率程度までしか乾燥できない。一方、脱炭素社会の中、エネルギー消費型加工である木材乾燥工程で二酸化炭素を排出しない方法であり、各種人工乾燥との連係を検討すべき場面も多い。

**(3) 人工乾燥**

　人工乾燥は、乾燥装置を用いて、乾燥コストを考慮しながら、できるだけ割れなどの欠点を抑え、かつ速やかに乾燥処理する方法である。日本で利用されている主要な人工乾燥法(信田ら 2020)について紹介する。

**a) 蒸気式乾燥**　　乾燥室とその室内に熱風や蒸気を供給する蒸気ボイラーで構成される。また室内の温度湿度環境を均一にする十分な風を回す循環ファンと湿度を下げる排気ダンパーや強制吸排気機構を有する。ボイラーは石油が使用されているが、中大規模工場では木屑ボイラーが普及しており、環境負荷の低減やコストの削減が進められている。なお、乾燥する板材や角材の間に十分風がまわるように桟積みブロックが乾燥室に積み込まれる。乾燥温度は大気温度以上から、高温タイプでは120℃以上まで調整でき、湿度調節も蒸気ボイラーの蒸気でスムーズに高湿まで調整できる。そのため、幅広い樹種、材種の乾燥に対応でき、最も一般的な人工乾燥である。

**b) 熱風減圧乾燥**　　蒸気式乾燥装置に減圧ポンプで圧力を下げる機構が付随した装置である。密閉性や減圧に耐える缶体強度も必要となる。　高温室内空気を冷まして減圧ポンプで吸引排出するための冷却装置も必要となることがある。比較的低温で速やかに乾燥できることが特長である。排気ファンにより弱い減圧状態で乾燥する弱減圧装置もある。

**c) 高周波蒸気複合乾燥**　　蒸気式乾燥装置の桟積みブロックごとに高周波加熱を併用した乾燥である。内部の水分を高周波で加熱させるため外部加熱と内部加熱の組み合わせができ、蒸気乾燥で内部の乾燥が遅れる正角や平角などの乾燥では効果的である。高周波発振機などの初期費用とともに電気エネルギーの直接経費が必要になるが、乾燥時間が短縮でき、乾燥コストを抑えることができる。

**d) 高周波減圧乾燥**　　強い減圧下で乾燥するため円筒缶体が使用される。水分が凍結しないようにして乾燥させるため木材を加熱する必要がある。空気がない中で木材を加熱する方法として熱板加熱や高周波加熱が使用される。大断面や重ねた板材の加熱には高周波加熱が利用され、高周波減圧乾燥として難乾燥材などの乾燥に適している。

**e) 除湿式乾燥**　　蒸気式乾燥と同様、加熱空気の循環で桟積みされた角材や板材を乾燥する手法である。ヒートポンプ(除湿器)の冷却部で庫内の空気内水蒸気を結露させ湿度を下げ、加熱部で庫内の空気温度を上げるといった、高効率乾燥である。ただしヒートポンプの性能上温度上昇に限度があり、速やかな温度調整ができない。補助加熱として電気ヒーターが付属していることが多い。除湿は可能であるが加湿はできないため、割れ抑制のための初期高湿処理は困難である。また、ヒートポンプは電気エネルギーだけで装置の取り扱いが簡単であるが、高含水率、難乾燥材などには向いていない。比較的乾燥しやすい木材は低コストで乾燥可能である。高温タイプで高効率ヒートポンプの開発も進んでおり、他の乾燥との連係も期待される。

## 13.2 乾燥スケジュールと乾燥操作

　木材乾燥は質的損傷を伴い、しかも比較的長時間を必要とする加工である。多くの樹種、材種に対して、木材の用途として許容できる品質に速やかに乾燥できる人工乾燥法として蒸気式乾燥が普及している。蒸気式乾燥は、桟積みされた木材を、乾燥装置内で出来るだけムラなく温度と湿度の2条件を設定しながら乾燥する方法である。この乾燥過程の温度、湿度の設定条件を一般に乾燥スケジュールと呼ぶ。

　乾燥スケジュールには、設定する温度、湿度を含水率に従って変化させる含水率スケジュールと、乾燥経過時間に従って変化させるタイムスケジュールがある。乾燥スケジュールは含水率スケジュールが基本で、主要な樹種で基本的な乾燥スケジュールの作成法が示されている。乾燥生産現場で同じような材料を毎回乾燥する場合は、タイムスケジュールによる簡便な乾燥に移行する場合がある。以下、樹種ごとの含水率スケジュールが数多く開発されてきた板材の

乾燥スケジュールについて説明する。

## 13.2.1　板材の乾燥

　蒸気式乾燥による一般的な乾燥スケジュールは、樹種、木取り（主に板材厚さ）ごとに決定される。乾燥の初期は表面割れが起きにくい温度と湿度を決める。乾燥中期は、割れなどの損傷が発生しない範囲で乾燥速度が維持できるように温度と湿度を変化させる（寺澤 2004）。

　具体的な乾燥スケジュールの基本型はアメリカの林産研究所や森林総合研究所で作られている。例えば、樹種や板の厚さや初期含水率ごとに森林総合研究所で作成された区分表（**表13-1～4**）から乾燥スケジュールを作ることができる（森林総合研究所監修 2004）。

　まず、**表13-4**の対象となる樹種から温度区分を選び、**表13-2**の乾燥温度区分から各含水率段階での設定温度が決定できる。次に対象となる初期含水率から**表13-1**のA～Gを選択し、**表13-3**のA～Gの含水率段階を決める。また、**表13-4**の対象となる湿度区分番号から**表13-3**の乾湿球温度差の区分が決まり、各含水率段階での設定乾湿球温度差が決定できる。一例として、初期含水率70％で25 mm厚のミズナラ板材の乾燥スケジュールを作成する。初期含水率区分C、温度区分T4、湿度区分2なので、**表13-5**の乾燥スケジュール（基本型）が作成できる。

　蒸気式乾燥の実務では、基本型乾燥スケジュールの他に実施すべき作業がある。まず開始時には乾燥室内や木材の温度を効率的に上昇させ、その後の乾燥の促進やヤニ抜きに効果的な初期蒸煮がある。生蒸気で昇温し、初期の設定温度で数時間蒸煮（相対湿度100％）する。その時間は板の厚さに応じて異なり、内部までほぼ設定温度まで上昇させることが好ましい。

　最後の工程として調湿処理がある。調湿処理は、断面含水率、や個体別含水率を均一にするためのイコーライジングと、乾燥応力を除去するためのコンディショニングの2工程からなる。イコーライジング操作は最も乾燥の進んだ板材含水率が目標含水率より2％低くなったとき、あるいは、全体の含水率が目標含水率にほぼ到達したとき、目標含水率より2％ほど低い平衡含水率に保つ。コンディショニングは、平均的な含水率が目標含水率より2％ほど低く

表 13-1　初期含水率による区分（森林総合研究所 2004 より作成）

| 区分 | A | B | C | D | E | F | G |
|---|---|---|---|---|---|---|---|
| 初期含水率(%) | 40以下 | 40～60 | 60～80 | 80～100 | 100～120 | 120～140 | 140以上 |

表 13-2　乾燥温度区分（森林総合研究所 2004 より作成）

| 段階 | 含水率の段階<br>(%) | 乾燥温度区分(℃) | | | | | | | | | | | | | |
|---|---|---|---|---|---|---|---|---|---|---|---|---|---|---|---|
| | | T1 | T2 | T3 | T4 | T5 | T6 | T7 | T8 | T9 | T10 | T11 | T12 | T13 | T14 |
| 1 | Green～30 | 40 | 40 | 45 | 45 | 50 | 50 | 55 | 55 | 60 | 60 | 65 | 70 | 75 | 80 |
| 2 | 30～25 | 40 | 45 | 50 | 50 | 55 | 55 | 60 | 60 | 65 | 65 | 70 | 75 | 80 | 90 |
| 3 | 25～20 | 40 | 50 | 55 | 55 | 60 | 60 | 65 | 65 | 70 | 70 | 70 | 75 | 80 | 90 |
| 4 | 20～15 | 45 | 55 | 60 | 60 | 65 | 65 | 70 | 70 | 70 | 75 | 80 | 80 | 90 | 95 |
| 5 | 15～終末 | 50 | 65 | 70 | 80 | 70 | 80 | 70 | 80 | 70 | 80 | 80 | 80 | 90 | 95 |

表 13-3　広葉樹を対象とした温度と乾湿球温度差の区分（森林総合研究所 2004 より作成）

| 段階 | 初期含水率区分および段階(%) | | | | | |
|---|---|---|---|---|---|---|
| | A | B | C | D | E | F |
| 1 | Green～30 | Green～35 | Green～40 | Green～50 | Green～60 | Green～70 |
| 2 | 30～25 | 35～30 | 40～35 | 50～40 | 60～50 | 70～60 |
| 3 | 25～20 | 30～25 | 35～30 | 40～35 | 50～40 | 60～50 |
| 4 | 20～15 | 25～20 | 30～25 | 35～30 | 40～35 | 50～40 |
| 5 | | 20～15 | 25～20 | 30～25 | 35～30 | 40～35 |
| 6 | | | 20～15 | 25～20 | 30～25 | 35～30 |
| 7 | | | | 20～15 | 25～20 | 30～25 |
| 8 | | | | | 20～15 | 25～20 |
| 9 | | | | | | 20～15 |
| 10 | 15～終末 | 15～終末 | 15～終末 | 15～終末 | 15～終末 | 15～終末 |

| 段階 | 乾湿球温度差区分(℃) | | | | | | | |
|---|---|---|---|---|---|---|---|---|
| | 1 | 2 | 3 | 4 | 5 | 6 | 7 | 8 |
| 1 | 1.5 | 2 | 3 | 4 | 5.5 | 8 | 11 | 14 |
| 2 | 2 | 3 | 4 | 5.5 | 8 | 11 | 14 | 17 |
| 3 | 3.5 | 4.5 | 6 | 8.5 | 11 | 14 | 17 | 20 |
| 4 | 5.5 | 8 | 8.5 | 11 | 14 | 17 | 20 | 20 |
| 5 | 8.5 | 11 | 11 | 14 | 17 | 20 | 20 | 20 |
| 6 | 11 | 14 | 14 | 17 | 20 | 20 | 20 | 20 |
| 7 | 14 | 17 | 17 | 20 | 20 | 20 | 20 | 20 |
| 8 | 17 | 20 | 20 | 20 | 20 | 20 | 20 | 20 |
| 9 | 20 | 20 | 20 | 20 | 20 | 20 | 20 | 20 |
| 10 | 28 | 28 | 28 | 28 | 28 | 28 | 28 | 28 |

注) Ua：初期含水率，厚さ 2.7 cm 材，材間風速 1～2 m/sec に適用、乾燥温度の値は華氏を摂氏に換算し、5℃ 括約に修正したもの

表 13-4　主な国産広葉樹 25 mm 板材の人工乾燥スケジュール区分（森林総合研究所 2004 より作成）

| 樹種 | 科名 | 学名 | 25 mm 厚材 | | | | | | |
|---|---|---|---|---|---|---|---|---|---|
| | | | 温度区分 | 乾球温度範囲(℃) | 温度区分 | 乾球温度差範囲(℃) | 相対温度範囲(%) | 想定乾燥日数(日) | 生じやすい損傷 |
| イスノキ | マンサク科 | Distylium racemosum | T3 | 45~70 | 1 | 1.5~28 | 91~24 | 12~18 | |
| アカガシ | ブナ科 | Castanopsis acuta | T3 | 45~70 | 2 | 2.0~28 | 89~19 | 12~18 | 表面割れ、内部割れ |
| ミズナラ | ブナ科 | Quercus mongolica | T4 | 45~80 | 2 | 2.0~28 | 88~24 | 8~12 | 落ち込み、内部割れ |
| コジイ | ブナ科 | Quercus salicina | T3 | 45~70 | 4 | 4.0~28 | 78~24 | 8~10 | 落ち込み |
| ケヤキ | ニレ科 | Zelkova serrata | T8 | 55~80 | 3~4 | 3.0~28 | 85~24 | 6~8 | 落ち込み |
| クリ | ブナ科 | Castanea crenata | T8 | 55~80 | 3~4 | 3.0~28 | 85~24 | 6~8 | 落ち込み |
| ブナ | ブナ科 | Fagus crenata | T4~T5 | 45~80 | 3 | 3.0~28 | 83~24 | 8~10 | 狂い(変色) |
| クスノキ | クスノキ科 | Cinnamomum camphora | T4~T5 | 45~80 | 4 | 4.0~28 | 78~24 | 6~8 | 落ち込み、内部割れ |
| ミズメ | カバノキ科 | Betula grossa | T6 | 50~80 | 3 | 3.0~28 | 84~24 | 6~8 | |
| トネリコ | モクセイ科 | Fraxinus japonica | T8 | 55~80 | 3~4 | 3.0~28 | 85~24 | 6~8 | |
| ヤチダモ | モクセイ科 | Fraxinus mandshurica | T6 | 50~80 | 4~5 | 4.0~28 | 84~24 | 7~9 | 乾燥難易差大 |
| マカンバ | カバノキ科 | Betula maximowicziana | T8 | 55~80 | 4 | 4.0~28 | 85~24 | 7~8 | |
| イタヤカエデ | カエデ科 | Acer mono | T5 | 50~70 | 3~4 | 3.0~28 | 84~19 | 8~10 | 狂い |
| カツラ | カツラ科 | Cercidiphyllum japonicum | T8 | 55~80 | 4 | 4.0~28 | 85~24 | 6~7 | |
| ホオノキ | モクレン科 | Magnolia obovata | T8 | 55~80 | 4 | 4.0~28 | 85~24 | 6~7 | |
| トチノキ | トチノキ科 | Aesculus tubinata | T10 | 60~80 | 4 | 4.0~28 | 81~24 | 6~7 | |
| シナノキ | シナノキ科 | Tilia japonica | T12 | 70~80 | 6~7 | 8.5~28 | 66~24 | 4~5 | 変色 |
| キリ | ゴマノハグサ科 | Paulownia tomentosa | T11 | 65~80 | 5 | 5.5~28 | 76~24 | 6~7 | |

注) 温度：温度スケジュール番号（区分）、湿度：湿度スケジュール番号（区分）、日数：生材を含水率 10% まで乾燥するに要する日数、湿度スケジュールは含水率に合わせて用いる。

表13-5 ミズナラ(板厚25mm、初期含水率70%)の乾燥スケジュールの
基本型

| 含水率(%) | 乾球温度(℃) | 乾湿球温度差(℃) | 湿球温度(℃) |
|---|---|---|---|
| 生材〜40 | 45 | 2 | 43 |
| 40〜35 | 45 | 3 | 42 |
| 35〜30 | 45 | 4.5 | 40.5 |
| 30〜25 | 50 | 8 | 42 |
| 25〜20 | 55 | 11 | 44 |
| 20〜15 | 60 | 14 | 46 |
| 15〜終末 | 80 | 28 | 52 |

注) 表13-1〜4より作成

なったとき、目標含水率より2%ほど高い平衡含水率に保つ。なお、いずれの乾球温度も基本的乾燥スケジュールの最終温度とする。

　その他、乾燥速度の極端な低下や、落ち込みなどの対策として中間蒸煮などの操作もある。

## 13.2.2 心持ち角材の乾燥

　板材の乾燥法は、なるべく含水率傾斜を小さく乾燥を進めて乾燥応力を抑制し、割れなどの損傷を発生しないようにしたものである。一方、心持ち角材は断面内で一様に乾燥できても、接線方向と放射方向の収縮異方性が原因で表面割れが発生する。そこで、乾燥初期に表層で極端な引張セットを形成し、接線方向の収縮を抑えることで表面割れを発生させる程の引張応力を生じさせない高温セット法がスギやヒノキやカラマツなどの心持ち角材の乾燥で使用されている。数時間の蒸煮の後、十分に材温が上昇した時点で、乾球温度110〜120℃、湿球温度80〜90℃で12〜24時間処理する。温度が高かったり時間が長かったりすると表面割れは発生しないが内部割れが発生する。その後、目標含水率まで低湿で乾燥しても表面割れは発生しない。短時間で乾燥するため90℃程度の高温で乾燥することが多いが、内部割れや乾燥材品質を考慮して、さらに低い温度で乾燥することもできる(片桐ら 2001)。乾燥時間の短縮、材質劣化の抑制を狙い、高周波蒸気複合乾燥や熱風減圧乾燥などが使用されることもある。内部割れが極端に多く発生しないスギ心持ち柱材の乾燥スケジュール例(石川県林業試験場 2012)を**表13-6**に示す。

**表13-6　スギ心持ち柱材の高温乾燥法の例(石川県林業試験場 2012)**

| ステップ | 乾球温度(℃) | 湿球温度(℃) | 時間(h) | 備考 |
|---|---|---|---|---|
| ① | 95 | 95 | 8 | 蒸煮 |
| ② | 120 | 90 | 24 | 高温セット |
| ③ | 90 | 60 | 184 | 乾燥[注)] |

注)平均初期含水率84%のスギ角(135mm角、長さ4m)を18%まで乾燥した場合

## ●参考図書

信田 聡，河崎弥生(編)(2020)：『木材科学講座7　木材の乾燥　Ⅰ基礎編』．海青社.

信田 聡，河崎弥生(編)(2020)：『木材科学講座7　木材の乾燥　Ⅱ応用編』．海青社.

寺澤 眞(2004)：『木材乾燥のすべて』．海青社.

# 14章 木材加工

## 14.1 木材の特性と利用の観点からみた加工

　木材を利用して様々な製品が生産されている。利用量からみた主な用途は、建築、家具および紙・パルプなどの製品である。本章では、建築および家具生産における主な木材の加工技術を解説する。

　樹木を伐採し、枝葉を払い、剥皮すると丸太(素材)が得られる。木材の利用は丸太から始まる。丸太は、円柱状とみなせるが、厳密には年輪構造と関連した円錐台状である。現代では丸太としての利用は、ログハウスや外構施設などに限られるが、その場合でも丸太を円柱状に削って用いている。

　木材を使ったものづくりでは、丸太から部材や部品を生産し、さらにこれらを接合して、多様な三次元形状をもつ住宅や家具を造り出す(**図14-1**)。加工とは材料に手を加えて所定の形状・寸法や機能を与えることであるが、製品に至るまでの各段階において加工がなされる。また種々の木材の加工では、木材の物性や材質が考慮される。

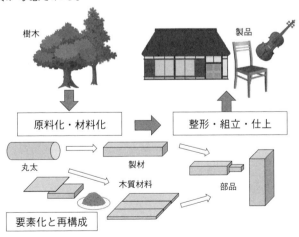

**図14-1　木材を使ったものづくりにおける加工**

　木材は、その細胞や年輪構造、さらに細胞壁を構成している結晶性・配向性の高いセルロースに由来して、層状構造、多孔性および異方性を有する材料である。また展延性に乏しく、外力に対して脆性的に破壊する。さらに含水率によって物性が変化し、破壊時の挙動も変化する。これらのことは、木材を加工して所定の形状の部品を得るためには、金属やプラスチックのように曲げ・伸ばしで実現することは難しく、異方性や脆性を考慮しながら、割る、切る、削るといった加工が適していることを意味する。

　さらに丸太が円柱状であることに由来して、角材や板材といった長軸をもつ材料が、もっとも得やすいため、鋸機械を用いた製材技術が進歩し、またこれと相関して、軽いわりに強い木材を用いた軸組形式の木造建築が発達してきた。一方、建築物の床、壁や屋根などの構面を形成する材料としては、かつては薄板を並べて実現するしかなかったが、木質材料の進歩により、合板など丸太から平面状の木質材料を生産できるようになった。さらに強度性能や耐久性に優れた木質材料として、構造用の集成材、合板やパーティクルボードも開発され、軸組構法の木造建築だけでなく、耐力壁を用いた構法も普及しつつある。このように、建築用の木材加工では、強度を十分もった軸状や平面状の材料を効率よく生産することを目標に加工技術や機械が発達してきた。

　一方、イスやテーブルなどの脚物といわれる家具類の生産では、二次元や三次元の曲線や曲面が多用される。これを実現するための材料の加工方法として、曲げ木、成型合板や曲線・曲面の切削の技術が利用されているが、本章では最も多用される切削について述べる。またタンスや棚類などの箱物の家具類や、床や壁部材といった内装建材の製造技術には、脚物の家具類と建築構造部材の製造の両方の技術要素が含まれる。

　部材や部品の接合方法には、接着剤、釘、ネジや金物を用いた接合のほかに、一方の部材の端部や一部を削り込んで突起部（ほぞ）を作り、他方に穴を穿って組み合わせる継ぎ手や仕口加工もある。これらは切削加工に依存する接合方法といえる。さらに内装建材や家具などの木製品は、見た目や触感に関する品質管理も重要で、表面の平滑度の調整や、塗装面や接着面の下地調整には、研削（研磨）といった表面の平滑化のための加工もなされる。

　**表14-1**に加工方法と関連する性質を鉄鋼と木材について示す。表から材料

表14-1　材料の加工方法と関連する性質

| 加工方法<関連する性質> | 鉄鋼 | 木材 |
|---|---|---|
| 割裂加工<脆性> | 不可 | 方向による |
| 塑性加工(曲げ延ばし)<br><延性・展性> | 可 | 高温・高湿下 |
| 切削加工 | 可 | 可 |
| 加工に必要な力<密度> | 大 | 小 |
| 接着・接合 | 溶接・ネジ | 接着・くぎ・金物<br>継手・仕口 |
| <その他の性質> | さびる・熱軟化 | 生物劣化・燃える |
| その他の前処理 | 熱処理 | 乾燥 |

に形を与える加工方法として切削が最も適していることがわかる。

## 14.2 切削・研削の基本

### 14.2.1 切削・研削の原理

#### (1) 切る・削るの原理

　鋭く硬い刃先(切れ刃)を材料に押し付けると、接触部分付近にはひずみや応力が集中して生じ、これが材料の強度を超えると破壊が始まる。切削は、局所的な破壊を連続的に発生させ、切り屑を生成しながら、仕上げ面を得る加工である。木材は、金属や窯業系材料に比べて切削しやすいように思えるが、実際には、多孔性、脆性、異方性や不均質性に由来して、正確に、また美しく仕上げることの難しい材料、すなわち難削材である。

　図14-2の左図は、木材と比べて稠密、延性、等方性および均質性に富む塩化ビニルを切削している時の工具刃先と被削材との接触状態や切り屑の生成状態を分析した例である。格子を設定した領域は、画像相関法(DIC)によって得た刃先付近での材料のひずみ分布を示す。DICでは、対象領域を小区画に分割し、ある小区画が材料の変形によってどこに移動したかを画像の類似度で求め、小区画の移動量から引張、圧縮さらにせん断ひずみが計算される。塩化ビニルの$y$方向では、上下方向のひずみを示し、刃先付近で上下方向の圧縮ひずみが発生しているがそのレベルは低い。一方、下図はせん断ひずみを示し、刃先付近で強い負のせん断ひずみがみられる。刃先付近でのせん断ひずみが破壊

ひずみ(強度)を越えると木材が破壊し、切り屑が分離される。一方、ヒノキで
は、刃先付近に上下($y$)方向の強い引張ひずみが発生している。材が繊維直交
方向に大きく引っ張られ、このひずみが強度を超えると刃先付近に亀裂(先割
れ)が発生し、木材が割裂し、切り屑となって順次排出される。また刃先付近
には、明瞭なせん断ひずみの変化はみてとれない。木材では、繊維方向の強度
に対して繊維直交方向の強度が低く、刃先の進行にともない繊維直交方向の小
さな割れが、繰り返し発生しながら切削面が形成されてゆく。

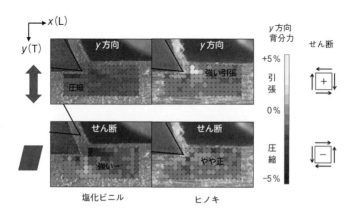

**図14-2** 刃先のひずみ分布からみた木材切削の特性(Matsuda *et al.* 2018より作成)

## (2) 二次元切削と三次元切削

切削加工を知る上で、重要な用語や概念を**図14-3**に示す。刃先先端を原点
とし、刃先進行方向とその直交方向の2軸を基本軸として、刃先角、逃げ角、

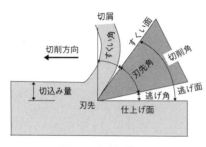

**図14-3** 切削の諸元

すくい角や切削角が定義される。ま
た切り取られる材料の厚さを切込み
量(切り屑厚さ)と呼ぶ。

木材繊維の方向との兼ね合いで、
切削の3様式が定義される(**図14-4**
左)。典型的な縦切削の例としては、
かんな等で表面を平滑に仕上げる場
合があり、横切削としては合板用の

ロータリー単板を切り出す場合や旋削があり、さらに木口切削としては鋸で角
材などを製材する場合がある。また切削面に対する木材の繊維方向の関係から、
繊維傾斜角、木理斜向角や年輪接触角が**図14-4**右のように定義される。これ
らのうち繊維傾斜角は、切削面の品質に影響する重要な角度であり、この角度
が正の場合を順目(ならい目)、負の場合(刃先の進行とともに繊維走行が材内に
潜り込んでいくような場合)を逆目(さか目)という。

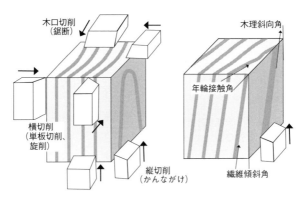

**図14-4** 基本となる切削方向と角度

また切削方向と刃先線のなす角度をバイアス角とよび、これが0°の場合を
二次元切削、それ以外を三次元切削(傾斜切削)と呼ぶ(**図14-5**)。三次元切削で
は、切削幅は狭くなるが、刃先線の法線面における切削角は小さくなり、滑ら
かな切削が可能になる。多くの切削では材料に応じてバイアス角を調整してい
る。

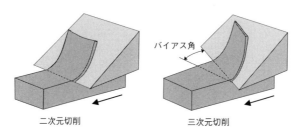

**図14-5** 二次元切削と三次元切削

## （3）　切削力、切削抵抗と切削仕事

　理想的な切削状態では、刃物（工具）は、木材（被削材）とその先端（切れ刃）のみで接触し、木材を切り進めるための力（切削力）と、それに抗する力（切削抵抗）とは、作用・反作用の力の関係にある（**図14-6**）。切削力のベクトルの切削方向成分を主分力、直交方向成分を背分力と呼ぶ。これらは、工具や機械性能の評価や設計のための重要なパラメータである。また切削時に刃物がする仕事（主分力×切削距離）も重要である。

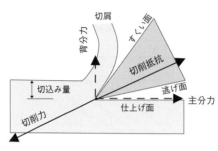

図14-6　切削抵抗と切削力

## （4）　切削面や切り屑生成からみた切削様式

　木材の切削では、切削角と切込み量と組み合わせによって切り屑生成の状態が特徴的に変化する。縦切削については以下の3つの型が現れる（**図14-7**）。

　**流れ型（剝離型）**：切削角、切込み量が共に小さいときには、薄い刃物で木材の表面を薄くそぎ取るような切削となり、刃先のごく近くでの微小な先割れが連続的に発生し、流れるように切り屑が生成される。切削力は低く、変動も少ない。また切削面も滑らかである。手かんなやノミなどでの表面仕上げにおい

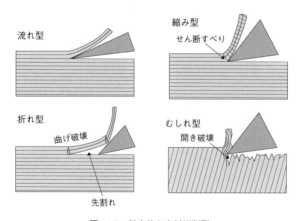

図14-7　基本的な木材切削型

てみられる型といえる。この型は切削角が 40°以下で切込み量が 0.1 mm 以下の条件でみられるが、刃先が極めて鋭利で切込み量が極端に薄い場合には、切り屑自身の剛性がなくなり、後述する縮み型が現れる。

　**折れ型**：切削角や切込み量が流れ型の条件より大きくなると、先割れが刃先より離れた位置で発生し、切り屑は刃先の進行とともにすくい面と接触しながら押し上げられ、先割れの基部を固定端とするような曲げ変形をうける。さらに刃先が先割れの基部に達した時点で、切り屑は折れてしまう。この変化が断続的に発生し、折れ型の切り屑が生成する。切削力は、大きく断続的に変動する。また逆目の場合には、先割れが被削材の内部に向かって発生し、刃先の進行線（予定していた仕上げ面）より深い位置にまで到達し、そこで切り屑が折れて除去されるため仕上げ面は荒れる（逆目ぼれ）。

　**縮み型**：切削角が 60°程度より大きくなると、刃先前方での圧縮が支配的になり、先割れは抑制され、刃先から被削材上に向かうせん断すべりが発生する。刃先の進行とともにこのすべりが断続的に発生し、せん断によって分離され、切り屑が連続的にすくい面で生成される。生じた切り屑は長さ（切削）方向に大きく縮む。切削力は比較的大きいが、変動は小さく、また切削面の性状は比較的平滑である（せん断型）。切削角が大きく、刃物が摩耗しにくく、かつ平滑な切削面が得られるため、回転切削などの機械加工では好ましい条件となる。その一方で、硬い材料や切込み量が大きい場合には、せん断すべり部分が塊状になって生じ、切削力も大きく変動し、切削面も荒れる。

　**むしれ型**：木口切削や逆目切削では、切削角や切込み量が比較的小さくても、被削材表面から内部に向かう割れが支配的になり、被削材は繊維直交方向に断続的に切断される。その結果、切削抵抗は断続的に大きく変動し、被削材表面はむしられたような粗い性状を示す。

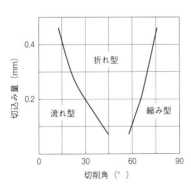

**図 14-8**　切削条件と切削型
（スギ、まさ目面縦切削の例）
（青山 1955 より作成）

**(5)　切削条件と切削型**

　切削型は、繊維傾斜角や被削材の材質などによっても変化し、実際には、上述の形式が複合したような形式で発生することが多いが、縦切削では、切削角と切込み量との関係で、**図14-8**に示すように特徴的に変化する。

## 14.2.2　切削の評価指標と影響因子

### (1)　切削の評価指標

　木材の被削性(切削されやすさ)は、切削抵抗、工具寿命、表面粗さと加工精度などから評価される。これらは、相互に関係しており、切削抵抗の小さな条件では、工具寿命が長く、表面性状が良好で、加工精度も高い。被削材の性質に応じてこれらの評価指標が最適となるように加工条件を選択する必要がある。

### (2)　切削抵抗

　切削抵抗(切削する際に工具が被削材から押し返される力)は、工具刃先近傍での被削材の変形、破壊や切り屑の分離、工具と被削材との摩擦が原因となって生じる。切削抵抗は実験的には、ひずみゲージや圧電素子を用いたロードセルを用いて測定でき、また切削に用いる機械の消費電力(動力)から推定することもある。切削抵抗は切削中の平均値と変動で評価されうる。切削抵抗(特に主分力の平均値)は、被削材の比重とともに増加し、縦および横切削で2から4N/mm(単位刃先幅あたり)、木口切削ではその4から6倍程度になる。しかし同一比重でも、樹種や切削方向よって変動する。さらに切削抵抗は、含水率の増大とともに漸減し、切削角の増大とともに増大する。

　また切削抵抗は、含水率の上昇とともに低下し、繊維飽和点以上では大きな変化はない。切削角によって切削型や切削抵抗が変化するが、切込み量(除去量)によって増大する。また切削時には刃先で圧縮されていた被削材表面が弾性回復し、特に逃げ角が小さいと、逃げ面と被削材との摩擦によって切削抵抗は増加する。また縦切削においてバイアス角が増大すると、切削抵抗は劇的に低下するが、45°以上では横切削に近い切削型に近くなるため逆に増大する。

　切削断面積(切込み量×切削幅)で切削抵抗を除した値を、比切削抵抗とよぶ。これは単位体積の被削材を切り屑として除去するのに必要な仕事量に関連する。比切削抵抗は切込み量の増大とともに指数関数的に低下する。

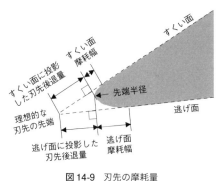

図14-9 刃先の摩耗量

### (3) 工具寿命

切削工具の刃先の先端は、理想的には丸みのない稜であるが、実際には新品の状態でも一定の丸み（先端半径）を有している。最も鋭く仕上げられた状態で、先端半径は1ミクロン程度といわれている。切削によって、刃先は欠けたり、摩耗したりし、刃先は後退し、先端半径は大きくなる。またそれとともに切削抵抗は増大し、切削面性状は劣化し、やがて交換や研磨が必要になる。使用開始から交換や研磨までの切削時間を工具寿命という（図14-9）。

工具使用の初期においては、刃先のごく先端で微細な欠けが進行し、刃先の後退は急激に進行する（初期摩耗）。その後先端半径が増大すると、刃先の後退はやや鈍化し、安定的な切削状態になり、この間に逃げ面やすくい面の摩耗が徐々に進行する（定常摩耗）。刃先がさらに進行すると、やがて切削抵抗は急増し工具寿命に達する（急速摩耗）。

刃先の摩耗機構は、上述の切削抵抗による力学的作用、刃先先端の被削材との摩擦によって生じる熱的作用や、化学的な作用である腐食がある。木材の切削速度は、毎秒100mに達することがあり、刃先のごく先端は、瞬間的に数百度近くにまで加熱される。またこの加熱と冷却が断続的に繰り返されることによって、刃先の強度が低下し、摩耗が進行すると考えられている。また工具の構成元素が、被削材の成分と化学的反応を起こし、反応生成物が離脱して摩耗が生じる。さらに工具と機械系との電位差によって、工具の構成成分はイオン化し、溶解して摩耗が発生することもある（電気化学的摩耗）。

工具の寿命は、上述の損耗機構に影響する因子によって決まる。主な因子は、工具の材種、被削材の材質や含有成分、含水率、比重、工具の形状、切削条件である。工具の材種としては、炭素工具鋼、合金工具鋼や高速度鋼といった鉄鋼系の材料から、刃先の硬度や耐摩耗性などに優れる超硬合金や焼結ダイヤモンドが用いられるようになった。また製材用の帯鋸には、ステライトと呼ばれ

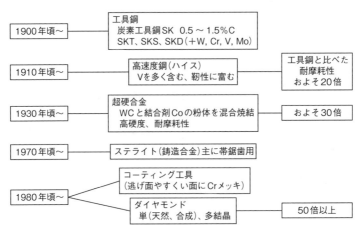

**図 14-10** 木材加工における工具の発達

る鋳造合金が用いられている。さらに刃先に強度や靭性に優れるクロムなどを
コーティングした工具も用いられる（**図 14-10**）。

　木質材料やその二次加工品は、接着剤、保存剤や異種材料などが混合・添加
されている、繊維方向が材内で複雑に変化する、表層に異種材料がラミネート
や塗装されている、などの特質があり、さらに仕上げ加工では加工面の性状が
良好であることが求められるなどの要因で、素材に比べて工具寿命が短くなる
場合がある。一般に刃物では刃先角を大きくすると摩耗しにくくなるが、切削
抵抗は大きくなるため、機械加工に比べて手加工の工具では刃先角を小さめに
とる。また切込み量が大きい場合や含水率が低い場合には切削抵抗が大きくな
り、工具寿命も低下する傾向にある。

　切削速度の摩耗への影響は明らかではないが、主に工具温度の上昇との関
連で、その影響は支配される。工具寿命 $T$、切削速度 $V$ との間には、$VTn =
C$ の関係がある（$C$ と $n$ は工具材種や被削材によって決まる定数）。この関係式は
Taylor の寿命方程式と呼ばれ、工具寿命判定の参考となる。その一方で、実
際の寿命は後述する切削面の品質に大きく左右される。

**（4）　加工精度**

　加工精度とは、加工後の製品の品質レベルを示す尺度であり、設計で指定さ

れた形状や寸法に対する誤差で評価される。形状精度については、平行度、直角度、平面度や真円度などがある。寸法精度については、被削材の種類、大きさや加工方法によって誤差の許容値は異なり、金属加工では1ミクロン程度かそれ以下の精度を目指すが、木材加工では家具用部材では0.01mm、建築部材の長さ方向では1mm程度と思われる。寸法精度に影響を及ぼす因子として、加工機械の各種の精度、工具の摩耗度や被削材の材質がある。工具が摩耗すると刃先での切削が良好に進まず、刃先で材料が押しならされ、切削後に圧縮した部分が回復し、加工精度が低下する場合がある。またほぞ接合では、ほぞとほぞ穴の接合を強固にするためにほぞをわずかに大き目に、またほぞ穴を小さめに加工する場合があるが、この場合には加工後の含水率変化による材の膨潤や収縮と、その異方性がほぞやほぞ穴の変形に影響することを考慮することも必要である。

## (5)　加工欠点と表面粗さ

　木材の切削面には、切削方式、機械・工具の状態や加工条件、被削材の材質によって、加工欠点と呼ばれる不具合が発生することがある。切削方式による欠点としてナイフマークがあり、機械・工具や加工条件に由来する欠点としてかんな焼け、刃の欠け跡、びびりマーク、スナイプロールやロール状圧痕、チップマークやかんな境がある、さらに被削材の材質に由来する欠点として、逆目ぼれ、毛羽立ち、目違い、目離れや目ぼれがある。

　また加工精度の形状精度のひとつに表面のうねりや表面粗さがある。これらは上記の加工欠点よりもよりミクロレベルでの表面の凹凸をさすが、加工欠点と関連して生じるものと、木材の細胞組織に由来するものからなる。木材は微細な細胞からなる多孔材料であるため、切削面は理想的な平滑面とはならない。表面粗さは、触針による接触方式やレーザ光を利用した非接触式のセンサーで加工面を走査して検出され、得られた表面凹凸のプロフィール(断面曲線)をデータ処理して評価される(図14-11)。断面曲線のデータは、まずフィルタ処理によって数mm程度の波長のうねり成分と、それ以下の微細な凹凸に相当する粗さ成分に分離され、それぞれから様々なうねりや粗さに関するパラメータが計算される(図14-12)。センサーを二次元で走査すると、加工面の凹凸を三次元的に評価できる。多くの粗さパラメータは、粗さ成分がランダムに発生す

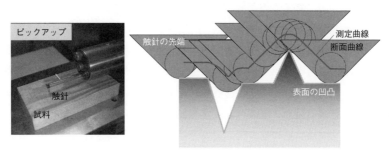

**図 14-11**　触針式表面粗さ計の測定原理（提供：藤原裕子氏）

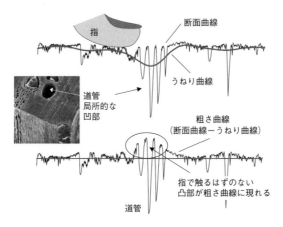

**図 14-12**　触感と粗さパラメータが対応しない例（提供：藤原裕子氏）

ることを前提に計算されるものが多いが、木材のように細胞組織に由来する凹凸の状態によっては通常の粗さパラメータでは適切に評価できない場合がある。たとえば広葉樹では、道管に由来する大径で深い孔が散在し、これをフィルタ処理すると粗さ曲線には、仮想的な凸部が生じ、通常の粗さパラメータと触感が対応しなくなる（**図 14-12**）。

　光沢も重要な加工面の評価指標である。加工面に一定角度で光をあてると、表面が平滑であるほど、表面での乱反射が抑制され、正反射成分が多くなり、いわゆる鏡面に近くなる。木材の加工面には常に細胞組織に由来する数ミクロンレベルの凹凸が存在し、鏡面を達成するレベルである0.1ミクロンレベルの

粗さを切削加工で実現することはできない。しかし、加工面に現れる組織や細胞によって独特の光沢やつや(艶)がでることもある。

### 14.2.3 さまざまな切削

#### (1) 回転削り・型削り・彫刻

機械や工具の発展とともに、木材加工も往復運動を主体とする手加工から工具や材料の回転運動を取り入れた機械加工が主体となってきた。同時に、高速で大量の加工、正確な繰り返し加工や、大きな力を要する加工も容易になった。

平面を創成する場合でも、直径100から200mm程度の円筒状のホルダーに刃物を装着してこれを高速で回転させ(毎分3〜5千回転)、これに対して被削材を送り込み(送材速度毎秒0.1から1m)、平面を削り出す回転切削が主流になった。手押しかんな盤や自動一面かんな盤などによる加工がこれに相当するが、原理的には、連続する円弧状の切削面によって加工面は形成されており、ナイフマークと呼ばれる微細な波型の凹凸が生じている(図14-13)。

また回転工具の形状を変えて、長尺材に溝を削り出したり、部材の端面を所定の形状に削り出すカッターやモルダー(型削り盤)などの機械も開発された(図14-14)。さらに、細く短く、また複雑な形状の回転工具(ビット)を高速で回転させ(毎分数万回転)、所定の経路(ルート)を動かして被削材を曲線的に削

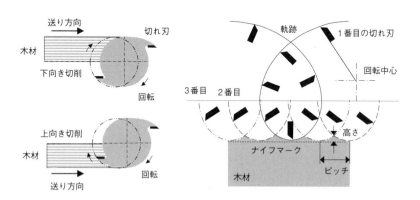

図14-13　回転切削とナイフマーク

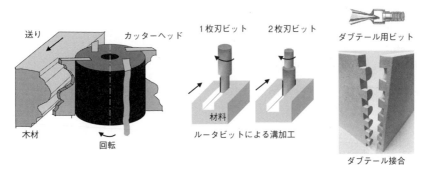

送り　　　　　　　カッターヘッド　　　1枚刃ビット　　2枚刃ビット　　　ダブテール用ビット

木材　　　　　回転　　　　　　材料　　　　　ルータビットによる溝加工　　　ダブテール接合

図14-14　モルダーとルーター加工

り出したり、彫刻的な削り込んだりする加工(ルーター加工)も生まれた。

## (2) 鋸歯による切削

　鋸(のこぎり)は、薄い鋼板(鋸身)の縁に多くの鋸歯を刻み、歯の先端を鋭く研いで切れ刃をつけて、木材等を切削する工具である。手工具としての手鋸による切削(鋸挽き)では、往復運動によって鋸歯が木材に溝をつけるように切込み、順次、溝を深くするように削り込んで材料が分割される。丸太から板材や角材を切り出すときには、木口から繊維方向に切り込み(縦挽き)、長い材料を一定の長さに切断したり、板材を分割したりする場合には繊維と直交方向に切り込む(横挽き)。縦挽き用の鋸歯は、刃先で材をすくいあげるような形状をし、同じ形状の歯が連続して並んでいる。横挽き用の鋸歯は、2歯一組で、それぞれが側面からみても、先端側からみても刃先を尖らせた形状になっているが、尖らせる方向は左右に振り分けてある。これによって木材の繊維をその直交方向に切断できる。また縦挽き用・横挽き用の鋸のいずれも、歯先の両端は鋸身の側面から飛び出している。この部分をあさりと呼び、これによって、鋸歯は鋸身の厚さ以上の幅(挽き道幅)の溝をつけながら木材に切り込み、同時に鋸身と木材との摩擦が低減される。歯室は、発生した切り屑を一時的に収容し、排出する役割を果たすが、鋸歯の強度にも影響する(図14-15)。

　鋸による切削では、歯先部分の主切れ刃だけでなく、鋸歯先の両側面とすくい面の境界になる稜(側面切れ刃)によっても切削を行う、いわゆる溝切り切削や突っ切り切削と呼ばれる切削形態となる。また加工面は、連続する鋸歯が材

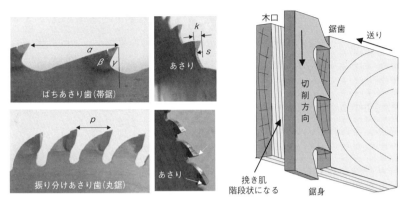

**図14-15** 鋸歯の基本要素
$p$：ピッチ、$\alpha$：逃げ角、$\beta$：刃先角、$\gamma$：すくい角、$k$：あさり幅、$s$：あさりの出

料のなかに食い込みながら削り取っていくことによって形成され、原理的には
階段状になる。

　木材加工の機械化に伴い、鋸による挽き材も自動化され、それに応じた鋸が
使われるようになった。欧州では、手鋸として主流であった枠鋸が機械化され

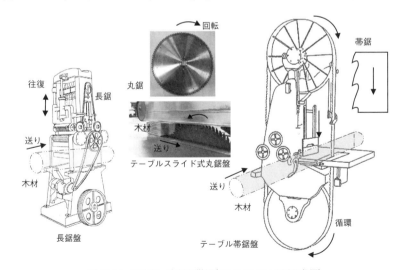

**図14-16** おさ鋸、丸鋸と帯鋸(JIS B 0114：1997 参照)

おさ鋸盤が製材などにおける主流機械となった。しかしおさ鋸盤は高速で重量の大きな鋸枠が往復運動するため加工品質に問題があった。その一方で、工具材質の改良と相まって回転円盤の周囲に鋸歯をつけた丸鋸や、ベルト状の工具用鋼帯を円環状に溶接し、鋼帯の片縁に鋸歯をつけた帯鋸を、2つの車輪にかけて駆動する帯鋸盤が現れ、製材や木工機械の主流となった(図14-16)。

### (3)　旋削(ろくろ)加工

　角材から丸棒を削り出す場合には、角材の片端の木口面の中心を回転軸に固定し、他端を回転できるピンで保持し、高速回転させて側面からバイトと呼ばれる刃物を近づけると角材の外周が削り取られる。バイトをさらに角材の長軸方向に移動させる円柱が削り出される。このような加工を旋削と呼ぶ(図14-17)。バイトを回転軸に対して近づけたり、遠ざけたりするとくびれのある円柱などが削り出され、イスの脚部などに用いられる。木工では、材料の片端木口を回転軸に固定して回転させ、反対側の木口にバイトをあてて、椀や盆のような形状を削り出すことも可能である。バイトの刃先の形状には各種あり、平、斜め、丸バイトなどがあるが、旋削では木材を接線方向に切削し、材料一回転あたりのバイトの回転軸に向かう送り量(切込み量)によって切削抵抗の主分力が大きく変化する。

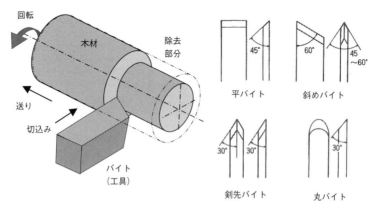

図14-17　旋削加工

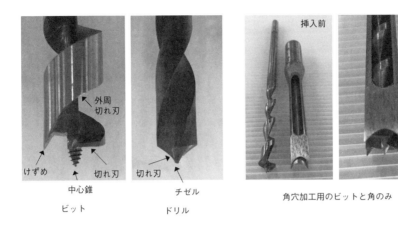

図14-18 穴あけ用ビットとドリル

## (4) 穴あけ

　木材の穴あけ工具には、比較的小径の丸孔については、手工具としての錐の他に、回転工具としてのドリルやビットがある（**図14-18**）。金属用のドリルを用いて穴あけする場合もあるが、木工用として多用されるビットは、先端を円錐状に加工した細長い円筒状の回転工具で、らせん状の溝を設けてある。先端の切れ刃が回転しながら、穴底をさらえるようにして切り屑を生成し、穴を掘り進んでゆく。切り屑は、溝にそって排出される。穴の中心回りでの工具の回転を安定化させるために工具先端にネジ状の穴のセンター切れ刃がついており、また穴の外周で木材繊維を切断するための切れ刃（ケズメ）がついている。また、ほぞ穴を加工するための角のみや、穴の底が平面になるように切れ刃が設けられた正面フライス型の錐、釘や木ねじによる締結部の下穴をあける錐もある。

## (5) 研削（研磨）

　住宅などの構造部材や和風の建具の多くは、かんな削りで仕上げられるが、家具類などは、研削（研磨）によって表面を平滑にしたのちに塗装で仕上げられる。また塗装においても下塗りや中塗り後のけばとりやむら調整のために表面が研磨される。さらに木質建材の製造の最終段階でも表面の平滑化ためにボード類が研削される。

　研削（研磨）は、表面を平滑に仕上げ、寸法を調整するために、ヤスリによっ

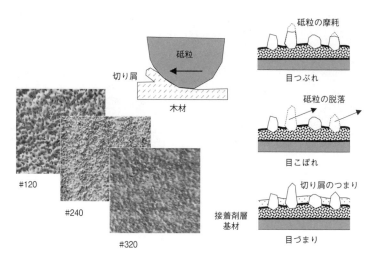

**図14-19　研削加工**
左：研磨紙、中：砥粒による切り屑生成、右：研削性能の低下要因

て少しずつ表面を削り出す加工方法である。手工具である棒ヤスリなどが用いられることもあるが、木材加工では紙に、硬くて、細かくまた鋭い稜をもつ金属や鉱物質の粒子を散布、接着した研磨紙で表面を削る場合も多い。研削では、多数の細かな切れ刃が表面を繰り返し面状に削るため結果的に表面の凹凸が平均化され、またより平滑な仕上げ面が形成される。研磨布・紙に付着している粒子の平均的な大きさ（粒度）によって、仕上がった面の平滑度が決まる。通常、研磨布・紙の粒度は、番手と呼ばれる数字で規定され、番手の大きな研磨布紙ほど粒子が細かくなる、通常は低い番手による研磨布紙から順に番手をあげてより平滑な面を得ている（**図14-19**）。

　実際の生産現場では、ベルト状の研磨布・紙を回転させ、これに材料を送り込んで研削する比較的大型の加工機であるベルトサンダーや、電動工具としてしたてられたディスクサンダーやオービタルサンダーなどが用いられる。

## 14.3　様々な木材利用における加工技術

### 14.3.1　製材

#### (1)　製材工程と加工機

　製材とは、丸太から主に鋸機械で、角材（正角や平角）や板材を切り出す加工であり、切り出された角材や板材を製材ということもある。製材は大径の丸太を大まかに分割する大割り工程と、大割りされた材料をさらに分割する小割り工程に分かれ、両工程ともに主に帯鋸盤が用いられる。帯鋸は、厚さ1mm、幅150mm程度のベルト状の鋸で、これを直径1m程度の上下の鋸車にかけて、張力を与えて、毎秒30m程度で駆動し、丸太を縦挽きする機械である。製材では送材装置に丸太を固定し、これを帯鋸盤に対して送り込む。近年では、2台の帯鋸盤を対向させて配置し、その間に丸太を送り込んで同時に2面を挽くツインバンドソーが用いられる（図14-20）。送材装置が往復移動する際に、2台の帯鋸盤の間隔が自動設定され、また丸太を90°回転させることができるため、一台の機械で、丸太から多様な断面寸法の製材を得ることができる。鋸による挽き材では、鋸速度（切削速度）、送り速度および鋸歯の間隔（ピッチ）によって一歯あたりの材の送り量が決まるが、この値が0.5から1mm程度以上になると鋸歯にかかる負担が大きくなり、切り屑が適切に排出されなくなり、鋸挽きが不安定になる（図14-21）。

　丸太をどのように分割するかを決定することを木取りと呼び、丸太の体積に対して得られた製材の材積の割合を歩留まり（量的歩留まり）と呼ぶ。近年では、製材の前に丸太の直径や曲がりを自動計測し（スキャニングとも呼ぶ）、高歩留まりとなるように木取りを自動的に決定する機能をもった製材システムが稼働している。この方式は、比較的小径の針葉樹丸太を高速・大量で製材する大型の工場などで採用されている。その一方で、挽き面に現れる木目や欠点によって価値の変わる製材を行う場合には、順次木取りを調整しながら価値歩留まりが向上するように製材される。

#### (2)　製材におけるその他の加工

　大割や小割で発生した耳付きの薄板などは、ギャングソーやリッパなどと呼

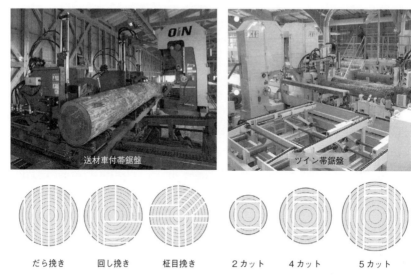

**図14-20** 製材機械と木取りの例
（写真提供　左：オーアイ・イノベーション(株)、右：(株)シーケーエス・チューキ）

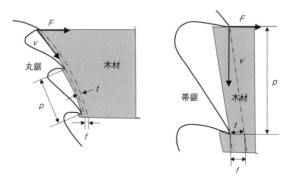

**図14-21** 鋸による挽き材と一歯当たりの送り量$f$
$F$：送り速度、$v$：切削速度、$p$：ピッチ、$f = pF/V$

ばれる縦挽きの用の丸鋸機械で整形される。小径の丸太製材を丸鋸で行う場合や、端材となる丸太の外周付近をチップ化しながら製材するチッパキャンターが用いられる場合もある。製材工場では、製材の強度を非破壊的に計測するグレーディングマシーンや乾燥装置、乾燥後の材面を平滑化するプレーナー加工や、防腐・防虫等の保存処理を行う機械や設備が付帯している場合もある。

### (3) 製材用の工具

　製材に用いられる帯鋸や丸鋸は、薄いベルトや円盤状の工具の周縁に鋸歯を設けた工具で、これが高速で循環や回転運動する。また大径の材料を挽くためには、帯鋸では鋸車間の自由部分を長くし、丸鋸ではより大径の鋸を用いることになるが、工具が変形や振動しやすく挽き道と呼ばれる切断線が曲がりやすい。また挽き材中に歯先付近が加熱され膨張し、鋸はより変形および振動しやすく不安定になる。これを避けるために帯鋸では、腰入れや背盛りと呼ばれる処理がなされる。これらは鋸幅方向の中央から後ろの位置で、圧延ローラで鋸の長さ方向に初期の引張ひずみを与えておく処理で、これによって切削中の歯先での加熱による引張と初期ひずみがバランスし、鋸が安定する。さらに上側鋸車をわずかに前傾させて、鋸歯先の付近で鋸と鋸車が接触するようにすることで鋸身面内の曲げモーメントが生じ、歯先部分がより強く引張され、挽き道の揺れが減少される。丸鋸の腰入れでは、ハンマ打ちや熱処理によって、回転中心近くに初期の引張ひずみを円周方向に与える。また丸鋸では切削中の鋸身の振動による騒音を低減させるために、鋸身の外周付近に細い切込み(スリット)を入れる場合も多い。

　製材用の帯鋸歯は、耐摩耗性に優れたステライトと呼ばれる鋳造合金を刃先に溶着し、これを研磨してバチ型のアサリをつける。一方、丸鋸では、さらに耐摩耗性や硬度の高い超硬合金製のチップを刃先に溶接し、研磨して鋸歯としている。鋸歯先が摩耗してくると挽き面が荒れてくるので、鋸歯は再研磨する。再研磨と前述の腰入れや背盛りといった鋸身の調整をあわせて目立てと呼ぶ。

## 14.3.2　家具や内装部材の製造

### (1)　家具製造の流れ(脚物と箱物)

　家具は、イス、テーブルやベッドなどの人体系・準人体系家具(脚物)と書棚、食器棚やタンスといった収納系を中心とする建物系家具(箱物)に大別できる。いずれも、素材や木質材料でできた部品を、ねじ、ほぞ接合や接着によって組み立て、さらに研磨によって表面を調整した後に、塗装やラミネート加工によって仕上げられる。金属、プラスチックやガラス製品が、装飾や機構部品として取り付けられることも多い。またイスの座面などは、ウレタンなどのクッ

ション性の高い材料、布や皮革で仕上げられる。

## (2)　曲線・曲面形状の加工

　意匠・設計と製造・加工面との関連でみた場合の特性として、家具製造では、曲線や曲面を創成する加工に特徴がある。曲線や曲面を形成する手法としては、切削、曲げ木や成型合板がある。曲げ木については基礎編5章9節で解説する。また成型合板は、単板を積層接着する際に曲面の金属型でプレスして製造される。接着剤の硬化のための加熱は、金属型を加熱する方法とマイクロ波加熱のような誘電加熱を用いる場合がある。

　切削による曲線・曲面の加工については、すでに「旋削」や「回転削り・型削り・彫刻」で説明した旋盤(回転対称体の削り出し)、モルダー(長尺材の側面の曲面加工)やルーター(二次元や三次元の自由な曲面加工)が用いられる。ルーター加工ではビットなどの回転工具と被削材の相対運動は、水平面内を移動する被削材に対して、工具軸が垂直方向に移動や傾斜して創成される。現代ではこの相対運動はコンピューターを用いた数値制御加工機(CNC加工機)で生み出される(図14-22)。切断面・削り出された面は研削によって表面を平滑にし、微妙な寸法調整を施して次の工程に送られる。

**図14-22　CNC加工機**

## (3)　接合と接着

　部品どうしを接合する手法には、接着(15章)、釘・ネジ・金物による接合の

ほかにほぞ接合(継ぎ手と仕口)がある。接着剤による接着は家具製造では多用されるが、大きな荷重を支える部分や接合面積が狭い場合には、ねじやほぞ接合が併用される。また種々の形状の金具やねじを用いて接合する場合もある(金具接合)。ほぞ接合や金具接合は、家具だけでなく軸組構法の木造建築でも用いられる。

　ほぞ接合は、接合する部材の端部や側面に削り出しによって突起部(ほぞ)とそれとかみ合う穴を(ほぞ穴)を設けて接合する手法である。部材どうしが直交あるいは角度をもって接合される場合を仕口、部材の長さ方向に接合する場合を継ぎ手、幅細の板材を幅方向に接合して広い面積の部材を得る場合の接合を幅はぎという。ほぞ部とほぞ穴の形状には多種あって、意匠性を重要視する家具用と、強度性能を重視する建築用がある。建築用についても伝統的な形状と、それを基本に機械加工に向いた現代的な形状のものがある。また家具用でもイスの脚部などに多用される軸状部材用の接合と箱物部材用の接合に特徴がみられる。ほぞ接合のためのほぞ部とほぞ穴の加工は、量産加工を行う現代の工場では、自動化された加工機で削り出される。またほぞ接合には、ほぞ部とほぞ穴以外に、ダボ、実(さね)や契り(ちぎり)と呼ばれる別部品を接合部に仕込んで接合する場合もある。通常ほぞ接合では接着剤も併用される。短尺の材を繊維方向に縦継ぎして長尺材として用いる場合もある。縦継ぎ部の様式の代表的なものとしてフィンガー接合がある。またさらに幅はぎ加工の様式の代表的なものとして本ざねはぎがあり、住宅の床などに用いるフローリングで多用されている(**図14-23**)。

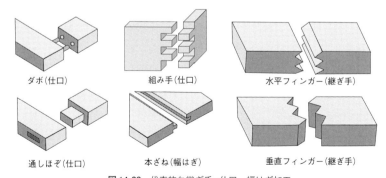

ダボ(仕口)　　　組み手(仕口)　　　水平フィンガー(継ぎ手)

通しほぞ(仕口)　　本ざね(幅はぎ)　　垂直フィンガー(継ぎ手)

**図14-23**　代表的な継ぎ手・仕口、幅はぎ加工

## (4) 研削と塗装

　家具製造では、部材の表面は塗装仕上げされる。塗装は、下塗り、中塗り、上塗りと多段階で実施されるが、その前工程として塗装面の下地となる素地面が研磨され、部材の表面が平滑になり、表面の凹凸のむらや毛羽などが除去される。塗装下地に凹凸や表面むらなどあると塗装面の光沢のむらにまで影響するため、研磨布・紙の番手を順次上げながら、丁寧に研削される。素地の研磨に用いる研磨紙は粒度（番手）が#80〜240が一般的である。最初に#80〜120の研磨紙で大きな凹凸を除去し、続いて#120〜240の研磨紙で、前の研磨で残った表面の細かな傷を除去する。脚物家具の製造などでは、部材の形状が複雑なため、手加工で研磨することも多いが、ポータブルで電動の研磨機を用いる。また平面部の研磨では各種のベルタサンダーが用いられる。またボード類など大きな平面を研磨する場合にはワイドベルトサンダーなどの自動化機械で研削する。この場合には、ボードの寸法調整を兼ねている（重研削）。

　また下塗りではウッドシーラーを、中塗りではサンディングシーラーと呼ばれる塗料が用いられるが、これらを塗装し、乾燥した後にも高い番手の研磨紙で軽く表面を研磨する。この工程は塗膜研磨と呼ばれ、#320程度の研磨紙を用いて、塗装面に残った余分な塗膜、凹凸むらや毛羽などが除去される。塗装の段階が上がるにつれて塗装面はより平滑に、また凹凸や光沢のムラがなくなってゆく。また艶有り塗装では、上塗りした面が仕上げ面となるが、艶消し塗装では上塗り面を#600程度の研磨紙で軽く研磨して仕上げる。

## (5) ラミネート加工と縁貼り

　パーティクルボードやMDFなどの木質建材表面に木目などを印刷したシートを貼り付けて仕上げ、家具や内装の部材として用いることが多い。スライス単板を接着して、さらにその表層を研削・塗装して柱や面材などとする場合に対して、シート貼りでは貼り付けた状態で仕上げ面が形成される。木目を印刷したシートに、エンボス加工を施し、細かな木材組織の凹凸を疑似的に再現したものもある。量産工場では、ラインを流れる細長い軸状の部材や広幅の部材にロール状に巻いたシートを展開、プレスしながら貼り付ける。また真空プレスを用いて、曲面にシートを貼り付ける場合もある。

　机の天板、棚板など、ラミネート加工されたボード類で構成されている部材

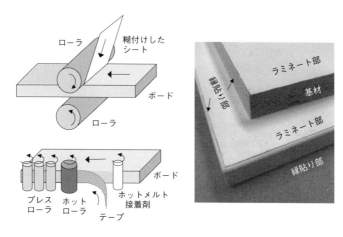

**図14-24** ラミネート加工と縁貼り加工の例

の側面はプラスチック製の縁材をホットメルト型の接着剤で接着して仕上げる場合が多い。この加工には専用の縁貼り機械を用い、下地研削、接着、端部切断、耳切断や研磨仕上げが行われる。直線状の縁貼りだけでなく曲面状の縁貼りもある（図14-24）。

### (6) 内装建材・住宅設備の製造

その他建造物の内装に用いられる床、ドアなどの建具、窓枠、長押、幅木、各種の収納設備、キッチンや水回り設備などにも木材や木質材料の加工品が用いられている。これらの製造工程では家具製造と同様の加工方法や加工機械が用いられる。これらのうちフロア部材については11章を参照。

## 14.3.3 木造建築における木材加工

木造建築における木材や木質建材の加工は、工場や作業場において材料の前加工や準備のためになされる前加工と、建築現場においてなされる加工に大別できる。前加工では、構造部材となる製材品を寸法切りする、継ぎ手や仕口を削り出す、表面を平滑に仕上げる、などが行われ、現場では、部材の調整、面材や化粧材となる部材の裁断や仕上げに加えて、穴あけや接合加工がなされる。これらの加工は、かつては大工などの職人による手加工が中心であったが、現

代では、機械化され、さらに自動化が進んでいる。

### (1) プレカット加工

　日本の伝統的な木造住宅の基本構造である軸組構造においては、軸材を縦方向や直交方向に連結する際には、その端部や側面に複雑で特殊な切り込みを入れて組み合わせる手法がとられる。継ぎ手や仕口といわれるこれらの連結部分の加工は、1980年代から手作業の機械化や自動化が進み、プレカット加工として定着している（**図14-25**）。

　プレカット加工機は、仕口、継手、穴あけ、切断加工などに必要なアリ・カマの加工軸、ボーリング軸、角ノミ軸、カッター、丸鋸軸などを持つ両木口加工ユニット、両側面加工ユニットや上下面加工ユニットに加えて、位置決め装置群、さらに設計情報に応じてこれらを制御するコンピュータからなる。加工軸が削り出す継ぎ手・仕口形状は、加工工具とその運動様式の制限を受けるため、伝統的な形状とは異なるものもあるが、十分な連結強度が確保されるように設計されており、また従来の手加工に比べて寸法精度が向上している。またプレカット加工では乾燥材や構造用の集成材を用いることが基本となっており、

手加工

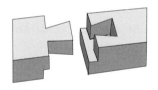

腰掛け蟻継

オス加工用カッター

メス加工用カッター

**図14-25**　プレカット加工の例（左下写真提供：兼房（株））

従来に比べて強度的な面でバラツキの少ない、信頼性の高い部材の加工ができる。

　プレカット加工は、土台・梁・桁などの横架材、柱・間柱や羽柄材など部材に応じて機能の異なる加工機が用いられる。横架材加工機は、長さ決めの切断、ほぞ穴などの削り込み・彫りこみ(アリ部、根太、火打ち、大入部や垂木の受けなどの加工)、ほぞ部などの削り出し(カマやアリ継手のほぞ部、胴差し・横差しのほぞ部などの加工)、の他、ボルト穴あけの加工を行う。また平ほぞ穴、寄せほぞ穴、間柱穴などの穴あけも行う。また多様な工具を自動で交換するためのツールチェンジ機能が装備されている。柱材加工機は、管柱、通し柱の長さ決めの切断、平ほぞ、寄せほぞ、単ほぞなどの各種ほぞ取り、さらに貫穴、胴差しほぞ穴、横差しほぞ穴やボルト穴、柱もたせ、回り縁加工、壁ジャクリ、押入ベニヤジャクリ、ラス下ジャクリなどを行う。さらに間柱や垂木等の羽柄材を加工する機械、床下地や野地板用のボード類を裁断する機械、各種の構法に対応したプレカット加工機(金具工法用、登り梁加工用)なども開発されている。

## (2)　建築部材の表面仕上げ

　柱や鴨居などの構造部材によっては、建築内装側から直接見えたり、触れたりすることのできる位置に配置されることがあり、これらは節などの欠点の少ない材を平滑にかんなで仕上げて用いられる。台がんなで表面を平滑に仕上げる場合もあるが、この加工原理を機械化した仕上げかんな盤によって平面を平滑に仕上げることもある。仕上げかんな盤は、精密に研ぎあげた刃を、わずかな切込み深さになるようにセットしたナイフストックに固定し、これに対して送りベルトで材を送り込む。切り屑の厚さは0.1 mm以下で、樹種によってバイアス角を設けて削れるようになっている(図14-26)。

**図14-26**　仕上げかんな盤による表面仕上げ削り

## (3)　電動工具

　電動工具は、小型モータの回転軸に工具

を装着して、主に手持ちで木材、金属、コンクリートなどを加工する小型の機械である。床や卓上に設置して用いるものもある。モータは交流100Vで駆動するものもあるが、充電式のバッテリーで駆動するものも多い（**図14-27**）。

以下におもな電動工具を示す。

穴あけ・締め付け工具（インパクトドライバー、ドライバードリル、電気ドリル、振動ドリル）

切断工具（丸ノコ、卓上丸ノコ、ジグソー、糸ノコ盤、チェーンソー）

研削・研磨（ディスクグラインダー、ベルトサンダー、オービタルサンダー）

電気カンナ、トリマー・ルーター

集じん機・掃除機

| ドリルドライバー<br>による穴あけ | 丸鋸による<br>切断 | サンダーによる<br>研削（研磨） |

**図14-27**　木材加工に用いられる主な電動工具

### 14.3.4　木質材料の生産

主な木質建材の製造では、丸太などの原料からまず薄板、単板、チップ、削片やファイバーなどのエレメントを一旦生産するが、これらの生産においても刃物を用いた切削加工が多用される。

#### （1）挽き板加工

集成材やCLTは厚さ30mm程度のラミナと呼ばれる挽き板が積層接着された建材であるが、ラミナの製造は製材における加工技術と同様であり、ラミナ

を縦継きする場合にはフィンガー加工に用いられる。

### (2)　単板切削

合板は、単板とよばれる厚さが2から3mm程度の薄い板材を積層接着した建材であるが、用いられる単板は、丸太の両木口を回転軸に固定し、高速で回転させながら、長いナイフ状の刃物を側面方向から押し当て、桂むきの形式で製造される(**図14-28**)。この単板はロータリー単板と呼ばれ、単板は、接線方向の横切削で生成されるため常に板目面が表面に現れる。その一方で、木材の

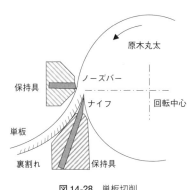

ブロックに対してナイフを往復運動させて1mm以下の単板を製造する場合もあり、この方式の単板はスライス単板と呼ばれる。木材ブロックの木取りによってまさ目や板目の単板が得られ、装飾性を重んじる家具や建材の表面に接着して用いられる。ロータリー単板の製造では、原料となる丸太は生材状態であり、スライス単板では、あらかじめ木材ブロックを湿潤状態にして製造される。

**図14-28**　単板切削

### (3)　チップ・フレーク・ファイバー加工

パーティクルボード(PB)に用いられる比較的細かなチップやパルプ用に用いられる大きめのチップは、高速で回転する刃物に対して木材を木口側から送り込んで、ナイフで鉛筆を削るような形式で細片化して得られる。OSBに用いられる削片(ストランドやフレーク)などは、木材を横方向に削ぎ落すようにして得られる削片である。ファイバーボード(FB)に用いるさらに細かで繊維状の削片は、チップをさらに粉砕し、またすりつぶして得られる。

### (4)　木質建材や家具部材の仕上げ加工

PBやFBは、家具や内装建材に多用されるが、家具と同様にその表面にはラッピングやラミネート加工が施されることが多い。収納系やドアなどの間仕切系の内装部材に用いられる木質ボード類の端部の仕上げには縁貼り加工が施される。

### (5)　インサイジング加工

　住宅の土台などに防腐・防虫薬剤を注入する際に、薬剤の浸透性を向上させるために鋭い刃物で表面に切込みをいれる場合があり、これをインサイジング加工という。回転円筒の表面に薄く鋭い歯を多数配置し、これに対して木材を送りこんで表面に切込みを分散配置して形成する。切込みの深さは10 mm程度である（図14-29）。

図14-29　インサイジング加工した角材

## 14.3.5　その他の木材加工

　はさみやナイフで紙など薄い材料を裁断する加工（せん断加工）は、木材加工では単板の裁断（ベニアクリッピング）や厚さ3 mm程度までの薄板の型抜きで用いられる程度である。また木材の一部を連続的に除去しながら形を与える加工方法としては、刃物を使う切削や研削以外に、高エネルギーの光や粒子を用いる方法もある。レーザー加工、ウォータージェット加工、サンドブラスト加工がこれにあたる。

### (1)　レーザ加工

　レーザ光は、位相と波長がそろった光で、これをレンズで集光させると大きな熱エネルギーを材料表面の小領域にあてることができ、切断、穴あけや表面の彫刻などの加飾加工ができる。細く長い穴あけ加工が可能であることから防腐薬剤の浸潤促進のためのインサイジングに用いる例がある。切断面の表層付近には熱影響層が生じる（図14-30）。

図14-30　レーザ加工の例
表面彫刻（左）とボード切断（右）

### (2)　ウォータジェット加工（高圧水流加工）

　この加工は、高圧（400 MPa以上）の水流を、直径0.1から1 mm程度のノズルから高速で噴出させ、材料を切断する加工で、木材では薄板の切断に用いられる。レーザー加工のように熱影響層は発生しないが、材料が濡れるため、低圧（70 MPa

以下）の水流を用いて丸太の剥皮を行う場合がある。

**(3)　サンドブラスト加工**

　この加工は、細かな砂粒などを材料の表面に高圧で噴射し、表層部を除去する加工で、木材では早材部のみを除去して年輪を強調する表面加飾やすかし彫りや、表面汚損の除去に用いられる。

　さらに木材に熱や水分を与えて大きな変形を与える加工方法として曲げ木や表面圧密などの圧縮加工などがあるが、これらについては基礎編 5 章に譲る。

## 14.4　木材加工の自動化

　木材の加工は、古くは手工具を用いた人力による加工であったが、時代とともに機械化、自動化や省力化がはかられ、大きな力やエネルギーの必要な加工、繰り返し加工、高精度の加工が可能になった。

　最初は、手鋸の往復運動を自動化するために水車を用いた回転運動を、クランク機構を用いて往復運動に変換するようなアイデアが 16 世紀のヨーロッパで生まれた事に始まった。やがて 19 世紀の産業革命を経て、動力源が内燃機関に進化し、さらに電動モーターの出現により材料の加工に必要なエネルギー源は 19 世紀末には電気（電動モーター）に代わった。工具の駆動機構も往復運動から回転運動が主体になり、20 世紀初頭には工具や材料を回転させて行う切削が木材加工の主力加工となった。

　加工のための動力源の発達によって、加工そのものは機械化された後、材料と回転工具の相対位置の設定や相対運動（送り）も順次機械化・自動化された。回転工具で板材を曲線状に切り抜く加工など、一見複雑そうに見える工具や材料の動きも、本質的には回転運動と往復運動の組み合わせで構成される。これらの運動は、当初は機械的な要素（歯車、カム、クランク、バネなど）を用いて実現されてきたが、20 世紀の中盤以降は、これらの運動の駆動と制御に電気的な要素や空気圧を用いる（サーボモータ、電磁スイッチ、空圧シリンダなど）を用いるようになった。

　その後にコンピュータの発達にともない、運動の種類、方向や量などをコード化・数値化し、その実施の手順をプログラム化して電子制御するようになっ

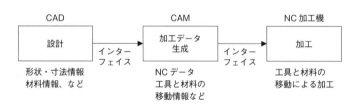

**図 14-31**　自動化された切削加工の流れ

た（数値制御やNC制御と呼ばれる）。1980年代から多くのものづくり産業では、コンピュータによる機械の制御が主流になりはじめた。

　さらにコンピュータの進歩により、現代では多くの木材加工の現場では、設計の段階からPCでデータが生成され（CAD）、さらに設計情報を機械制御のためのデータが生成され（CAM）、自動加工がなされている（**図 14-31**）。また材料の形状や状態を自動計測し、これに基づき加工条件を調整する、視覚などにたよっていた単板など材料の欠点検出や等級分けを行う、深層学習を用いたAI技術を導入した品質管理など実用化している。

　これらの自動化の流れは、生産の効率化だけでなく、作業安全の確保、省資源・省エネルギーの面でも利点がある。今後の情報処理技術の発達に伴い、自動化や品質管理の技術はさらに進化すると考えられる。

## 14.5　伝統的な建築や工芸にみられる木材加工

　木材加工の原点は、工具を用いた手加工であり、加工が機械化された現代でも伝統的な建築や工芸の分野では、手工具を用いた加工がおこなわれることが多い。手工具の代表的なものとして、様々な大工道具類がある。丸太を打ち割りによって製材していた中世以前から用いられた斧類、割り材の表面を粗削りするチョウナや、さらに平滑にする槍かんなの他、製材用の大鋸（おが）、平面を削り出す台かんな、様々な曲面を削り出す丸かんなや反りかんな、継ぎ手や仕口の加工や彫刻に用いられる様々なのみ類、曲線挽きのできる畔挽き鋸や、精密に挽き面を仕上げるための胴付き鋸などが特徴的な工具である。また水平や垂直をはかる準縄（みずばかり）や垂準（さげすみ）、直角や寸法を測るための

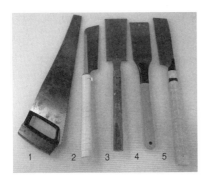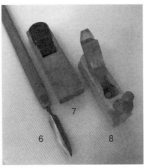

**図14-32　木材加工用手工具**
1：洋鋸(押して挽く)、2：胴付き鋸、3, 4：両歯鋸、5：替え刃式鋸
6：やりがんな、7：台がんな、8：洋がんな(押して削る)

矩(曲尺、かねじゃく)、部材に墨付けを行う墨壺なども特徴的である。また木材の表面を仕上げるための研磨材として鮫皮やトクサの内皮を用いる場合や、表面塗装・加飾や接着のために漆や天然系の色材や塗料を用いる場合がある。

<h2>14.6　木材加工における安全</h2>

　木材加工の主力加工である切削加工は、高速で回転や移動する工具に対して被削材を手で保持して加工するなど、不安定な状態で加工する状況が多く、切れ、こすれ、はさまれ、巻き込まれ、衝突などの事故が起きやすい。機械の自動化や安全装置の装備などが進みつつあるが、常に作業者が注意し、適切な機械の操作や加工手順で作業を行うことが求められる。

　また作業環境を適切に整えることも重要で、騒音、VOC、高温・高圧や粉塵などについて対策が必要である。騒音については発生源(加工機)、音の伝播(作業環境・方法)、受音者(作業者)の3つの観点からの低減対策が求められる。作業環境における騒音の許容基準は85 dB(A)とされている。また塗装などでの有機溶媒から生じる揮発性有機物質(VOC)のうちトルエン・キシレンについては、許容濃度として50 ppmが定められている(木質建材など製品からのVOCについては、シックハウス・化学物質過敏症対策の観点からホルムアルデヒドについて0.1 ppmや100 μg/m³(放散量)が定められている)。さらにボイラー、乾燥炉、

ホットプレス、ホットメルト接着剤を用いるような加工では高温（30℃以上）や高圧状態になることがあり注意が必要である。浮遊粉塵については、日本産業衛生学会の勧告によると、木粉は第3種粉塵に分類されており、その許容濃度として、約10ミクロン以下の吸入性粉塵で$2\,mg/m^3$、総粉塵で$8\,mg/m^3$が定められている。$2\,mg/m^3$とは$1\,m^3$の空気に10ミクロンの木粉粒子であれば約400万個浮遊していることになる。なおより基準の厳しい第1種粉塵には珪藻土や活性炭が含まれ、第2種粉塵には、コルク、皮革、綿やベークライトが含まれる。なお微細な木粉やパーティクルなどを送風搬送する設備内などで発生しうる粉塵爆発については、木粉の濃度が$10\,g/m^3$以上の場合に注意が必要で、静電気などで発火すると直ちに消火する設備が装備されている。

●参考図書

番匠谷 薫ら（編）（2007）：『木材科学講座6　切削加工　第2版』．海青社．

木材塗装研究会（編）（2012）：『木材の塗装　改訂版』．海青社．

# 15章　接着

## 15.1　接着の基礎

### 15.1.1　接着機構

　接着は、接着剤とそれによって接合しようとする物体(被着材)との界面の相互作用であり、接着機構には物理的または化学的観点からいくつかの説が提唱されている(三刀 2007)。なかでも、木材の接着においては機械的接着説と比接着説が支持されている。

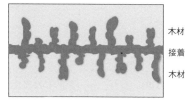

図15-1　機械的接着

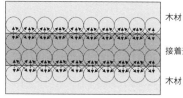

図15-2　比接着

　機械的接着説とは、多孔質である木材のマクロまたはミクロの空隙に接着剤が侵入して固まることによって木材と接着剤の界面が接着するという説である(図15-1)。これは、木材中に侵入して固まった接着剤が錨のような役割を果たし接着力を発現するという考えで、アンカー効果や投錨効果と呼ばれる。

　比接着説とは、木材と接着剤との界面にファンデルワールス力や水素結合、化学結合が形成されて接着力が発現するという説である(図15-2)。木材は、セルロース、ヘミセルロース、リグニンといった化学成分で構成され、ヒドロキシ基などの官能基が多数存在している。接着剤との距離が十分近くなると、それらの官能基と接着剤成分との分子的な引き合いや反応が起こり接着に寄与すると考えられる。実際の木材接着では、機械的接着説および比接着説の両方が関わり、被着材となる木材の特性や使用する接着剤の種類によってそれぞれの関わり方が異なると考えられる。

### 15.1.2　ぬれと接着

　木材と接着剤との界面を
接着させるには、まず木材
表面を接着剤によって十分
ぬらす必要がある。一般に、
ぬれとは固体表面に液体が
接触して付着した現象をい

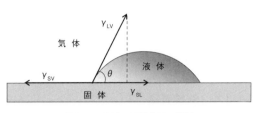

**図15-3**　液滴と固体表面の関係

う。固体表面に液滴が接触すると**図15-3**のような状態が形成される。

　固体表面と液滴のなす角($\theta$)を接触角と言い、この接触角が小さいほどぬれ
が良くなり、高い接着力が期待できる。これを理論的に説明すると、まず固体
表面と液滴との境界面には(15.1)式が成立し、これをヤングの式という（Young
1805）。

$$\gamma_{SV} = \gamma_{SL} + \gamma_{LV} \cos \theta \tag{15.1}$$

　$\gamma_{SV}$ は固体の表面張力、$\gamma_{SL}$ は固体と液体間の界面張力、$\gamma_{LV}$ は液体の表面張
力である。（厳密には、$\gamma_{SV}$ は固体と気体間の界面張力、$\gamma_{LV}$ は液体と気体間の界面
張力であるが、理解を容易にするため前述の表記とする。）

　次に、液体でぬれた固体表面(S)から液体(L)を引き離すことを考える（**図15-
4**）。液体と固体の界面には界面張力($\gamma_{SL}$)が働いているが、引き離されると固体
の表面張力($\gamma_{SV}$)と液体の表面張力($\gamma_{LV}$)が形成される。その引き離す際の力（接
着力）($W_{SL}$)は(15.2)式で表され、これをデュプレの式という（Dupré 1869）。

$$W_{SL} = \gamma_{LV} + \gamma_{SV} - \gamma_{SL} \tag{15.2}$$

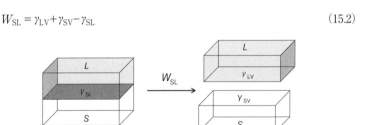

**図15-4**　固体–液体界面における接着仕事

(15.1)式を(15.2)式に代入すると

$$W_{SL} = \gamma_{LV}(1+\cos\theta) \qquad (15.3)$$

となり、これをヤング–デュプレの式という。$W_{SL}$を大きくするには、$\gamma_{LV}$ が同じであれば$\cos\theta$を1に近づければよく、接触角($\theta$)が小さくぬれが良いほど高い接着力が期待できることになる。すなわち、接着剤が木材表面を良くぬらし、接触角が小さいことが良好な接着を得るための一つの指標となる。

### 15.1.3　接着の破壊形態

　木材接着物に機械的試験を行うと最も弱い部分から破壊が生じ、模式的には **図15-5** に示すように大きく3つに分類される。(1)は木材での破壊であり、木部破断や材料破壊と呼ばれる。(2)は木材と接着剤の界面での破壊であり界面破壊や接着破壊と呼ばれる。(3)は接着剤での破壊であり、凝集破壊と呼ばれる。このように、破壊形態は木材での破壊、界面での破壊、接着剤での破壊に大別され、(1)の木部破断が起これば良好な接着と言える。しかし、実際の破壊現象では、破壊が最弱部を起点として生じるものの、その進行にともなって複合的な破壊形態を示すことがある。日本産業規格には、被着材や接着剤の性質に関わりなく、接着組立物の機械的試験における破壊様式の名称が規定され

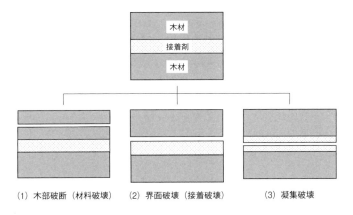

(1) 木部破断（材料破壊）　　(2) 界面破壊（接着破壊）　　(3) 凝集破壊

**図15-5**　木材接着物の破壊形態

ている（JIS K 6866：1999）。

## 15.2 木材用接着剤の種類と特徴

### 15.2.1 接着剤の種類

　接着剤には様々な種類があり、主成分や固まる様式、固まった後の物性が異なる。接着された材料の物性は、使用する接着剤の物性に影響されやすいので、各接着剤の特徴を把握しておくことが重要である。

　表15-1に代表的な木材用接着剤の主成分による分類を示す。有機系接着剤は合成系接着剤と天然系接着剤に分類されるが、工業的には合成系接着剤が多用されている。熱硬化性樹脂の多くは液状の初期縮合物で、熱や硬化剤によって化学反応が進み、三次元網目構造の高分子化が起こる。化学反応をともなって液体から固体へ変わることを硬化といい、その反応を硬化反応という。接着剤として使用する際は、種々の添加剤を加えて調製することがある。熱可塑性樹脂は鎖状高分子を基本構造とし、常温で固体のものが多く、熱によって軟化や溶融する性質をもつ。接着剤としては、溶剤中に溶解や分散させて液状とし、溶剤の揮散によって固まるタイプがある。また、固形状のものを熱により溶融させて塗布し、放冷によって固まるタイプもある。このような化学反応を伴わずに固まることを固化という。天然系接着剤はバイオマスを原料として古来使用されてきたが、現在は限られた用途にしか使用されていない。しかし、SDGsや脱炭素化を背景に研究開発が活発に行われており、工業用途として実用化が進みつつある。

### 15.2.2 合成系接着剤各論

　代表的な合成系接着剤の特徴を表15-2にまとめるとともに、いくつかの接着剤について以下に説明する。

#### （1）ホルムアルデヒド系樹脂接着剤

　ホルムアルデヒド系樹脂接着剤は、ホルムアルデヒドを用いた初期縮合物を主剤とした接着剤で、加熱や硬化剤の添加により硬化する性質をもつ。木材用接着剤のなかで最も多量に使用され、日本産業規格の木材用ホルムアルデヒド

表15-1　代表的な接着剤

| | | | | |
|---|---|---|---|---|
| 有機系接着剤 | 合成系接着剤 | 熱硬化性樹脂接着剤 | ・ホルムアルデヒド系樹脂接着剤 | ユリア樹脂接着剤<br>メラミン・ユリア樹脂接着剤<br>（メラミン樹脂接着剤）<br>フェノール樹脂接着剤<br>レゾルシノール樹脂接着剤 |
| | | | ・エポキシ樹脂系接着剤 | |
| | | 熱硬化性または熱可塑性樹脂接着剤 | ・ポリウレタン系接着剤（イソシアネート系接着剤） | |
| | | 熱可塑性樹脂接着剤 | ・酢酸ビニル樹脂エマルジョン接着剤<br>・ホットメルト接着剤<br>・アクリル樹脂系接着剤 | |
| | | 複合系接着剤 | ・水性高分子-イソシアネート系接着剤<br>・α-オレフィン・無水マレイン酸樹脂系接着剤 | |
| | | 合成ゴム系接着剤 | クロロプレンゴム系接着剤 | |
| | 天然系接着剤 | 糖類系接着剤 | デンプン系接着剤 | |
| | | タンパク系接着剤 | 大豆タンパク系接着剤、ニカワ | |
| | | 芳香族系接着剤 | リグニン系接着剤、タンニン系接着剤、漆 | |
| | | 油脂系接着剤 | 植物油脂系接着剤、液化木材系接着剤 | |
| | | その他 | 天然ゴム系接着剤　など | |
| 無機系接着剤 | | | ・セメント類<br>・けい酸ナトリウム類 | |

系樹脂接着剤の一般試験方法では、木材用ユリア樹脂接着剤、木材用メラミン樹脂接着剤、木材用フェノール樹脂接着剤、木材用レゾルシノール樹脂接着剤として規定されている（JIS K 6807：2012）。

### a)　ユリア樹脂接着剤

　ユリア（尿素）とホルムアルデヒドとの初期縮合物を主剤とした無色透明または白濁した接着剤で、常温接着用と加熱接着用の2種類がある。硬化剤として塩化アンモニウムを使用することが多く、硬化物は無色透明に近い。そのため接着層が目立たず木材汚染が少ない。常態接着強さは大きいが、過酷な湿潤環境や酸性下では接着力が低下する。その際、加水分解を起こしてホルムアルデヒドを遊離する。木質材料の製造のほか、二次加工用、木工用にも使用される。

### b)　メラミン・ユリア樹脂接着剤

　メラミンとユリアをホルムアルデヒドとともに共縮合させた初期縮合物を主剤とした接着剤である。メラミンのみを用いたメラミン樹脂は貯蔵安定性に劣るためにユリアを共縮合させている。また、安価なユリアを使用することで価格が抑えられることも利点として上げられる。硬化反応はユリア樹脂接着剤と

表15-2 代表的な合成系接着剤の特徴

| 接着剤 | 樹脂の形態 | 硬化条件 | 耐水性 | 性能 | |
|---|---|---|---|---|---|
| | | | | 強度 | 主用途 |
| ユリア樹脂接着剤 | 透明～白色液体 | 常温/加熱 | △ | 非構造用 | 合板、木工、PB、FB、集成材、LVL |
| メラミン・ユリア樹脂接着剤（メラミン樹脂接着剤） | 透明～白色液体 | 加熱 | ○ | 準構造用 | 合板、木工、PB、FB、LVL |
| フェノール樹脂接着剤 | 暗赤色液体 | 常温/加熱 | ○ | 構造用 | 合板、PB、LVL |
| レゾルシノール樹脂接着剤 | 暗赤色液体 | 常温 | ○ | 構造用 | 集成材、CLT |
| エポキシ樹脂系接着剤 | 粘稠液体 | 常温 | ○ | 構造用 | 建築、土木、床貼り、充填接着、異種接着 |
| ポリウレタン系接着剤（イソシアネート系接着剤） | 粘稠液体 | 常温/加熱 | △～○ | 構造用/非構造用 | 外壁パネル、床貼り、PB、FB |
| 酢酸ビニル樹脂エマルジョン接着剤 | 乳白色エマルジョン | 常温 | × | 非構造用 | 木レンガ、紙、木工、床材 |
| ホットメルト接着剤 | 固体 | 加熱 | △ | 非構造用 | 縁貼り、木工、紙 |
| アクリル樹脂系接着剤 | 粘稠液体 | 常温 | △ | 非構造用 | 木レンガ、床貼り、紙、木工 |
| 水性高分子-イソシアネート系接着剤 | 乳白色粘稠液体 | 常温 | ○ | 構造用 | 集成材、CLT、木工 |
| α-オレフィン・無水マレイン酸樹脂系接着剤 | 乳白色エマルジョン | 常温 | △ | 非構造用 | 木工、異種接着、突き板用 |
| クロロプレンゴム系接着剤 | 粘稠液体 | 常温 | △ | 非構造用 | 木工、建築 |

注）○：高い、△：中程度、×：低い；PB：パーティクルボード、FB：ファイバーボード、LVL：単板積層材、CLT：直交集成板
資料：林（2021）、森林総合研究所（2004）、鈴木ら（1999）、日本住宅・木材技術センター（2008）、小西（2003）

類似し、塩化アンモニウムを硬化剤として利用することが多い。硬化物は無色透明に近く、ユリア樹脂接着剤に比べて耐水性や耐熱性、耐老化性、耐薬品性に優れる。

### c) フェノール樹脂接着剤

フェノールとホルムアルデヒドとの初期縮合物を主剤とした暗赤色の接着剤である。フェノール樹脂にはアルカリ性触媒下の反応で得られるレゾール型と、酸触媒下の反応で得られるノボラック型があるが、木材用接着剤にはレゾール型を使用することが多い。レゾール型には水溶性(加熱硬化型)とアルコール溶性(常温硬化型)の2種類があり、使い方が異なる。加熱硬化型は針葉樹材の接着に用いられることが多く、耐水性、耐候性を必要とする構造用、屋外用に使用される。常温硬化型は酸触媒を添加して硬化させることを特徴とするが、使用頻度は低い。

### d) レゾルシノール樹脂接着剤

レゾルシノールとホルムアルデヒドとの初期縮合物を主剤とした暗赤色の接着剤である。レゾルシノールはフェノールよりも反応性が高く、硬化形態はフェノール樹脂と同様であるが、パラホルムアルデヒドなどの硬化剤の添加によって常温で硬化し接着する。耐水性、耐候性、耐熱性に優れ、現在の木材用接着剤のなかで最も優れた接着耐久性を示し、構造用接着剤として使用されている。

### (2) ポリウレタン系接着剤(イソシアネート系接着剤)

イソシアネート化合物とポリオール化合物から成る接着剤で、化学組成によって熱硬化性を示す場合と熱可塑性を示す場合がある。1液湿気硬化型は常温硬化で充填接着性に優れ、現場用接着剤として使用されることが多い。pMDI(ポリメチレンポリフェニルポリイソシアネート、ポリメリックMDI)と呼ばれるイソシアネート化合物は、ホルムアルデヒドを含まない接着剤としてパーティクルボードやファイバーボードといった木質ボード用接着剤に使用されている。

### (3) 酢酸ビニル樹脂エマルジョン接着剤

酢酸ビニル樹脂を主剤とし、水を媒体として乳化重合した乳白色の接着剤である。この接着剤は、水分の拡散や蒸発によって酢酸ビニル樹脂粒子がお互い

に融着することで固化する。常温で固化し、接着層は透明で木材汚染がなく、可とう性を示すために切削加工時の刃物の損傷が少ないといった利点が上げられ、木工用や化粧ばりに広く用いられている。一方、耐水性や耐熱性に劣り、低温下では接着剤の凍結や樹脂粒子の融着が妨げられて接着不良となるので注意が必要である。

### (4)　水性高分子-イソシアネート系接着剤

部分けん化のポリビニルアルコールなどから成る水溶性高分子を主剤とし、イソシアネート化合物（通常pMDI）の架橋剤によって硬化させる接着剤である。常温で接着し、レゾルシノール樹脂に匹敵する耐熱水性を示すため、ホルムアルデヒドを含まない構造用接着剤として集成材や合板に使用される。硬化物の色が木材色であることも特徴である。

## 15.2.3　天然系接着剤

ニカワや漆といった天然系接着剤は古くから適材適所で使用されてきたが、戦後の合成系接着剤の台頭によって現在では限られた用途にしか使用されていない。しかし最近の社会的背景をもとに、バイオマスを原料に用いた新たな天然系接着剤の研究が活発に行われている。**表15-1**に示すように、現在の天然系接着剤は5種類に大別され、それぞれについていろいろな原料を用いた接着剤が研究されている。開発の方法としては、合成系接着剤の原料を天然物で一部置き換える方法や、天然物の化学修飾、架橋剤の添加などがある。一部実用化されているものもあるが、合成系接着剤の作業性や生産性、経済性、接着性と比較すると劣ることが多く、未だ開発途上である。

## 15.3　木材接着に影響する因子

木材接着は、被着材となる木材に接着剤を塗布し、所定の条件で圧縮することで完結する。すなわち、木材、接着剤、接着工程の三つの因子が関わっていることになり、各因子をよく理解しておくことが良好な接着力を得る上で重要である。**表15-3**に木材接着に影響する因子をまとめるとともに、各因子について以下に説明する。

表15-3 木材接着に影響する因子

| 木材に関する因子 | 接着剤に関する因子 | 接着工程に関する因子 |
|---|---|---|
| ・樹種と密度 | ・化学組成 | ・接着剤の配合(製糊) |
| ・抽出成分 | ・粘度 | ・接着剤の塗布 |
| ・含水率 | ・pH | ・堆積 |
| ・表面の平滑度 | ・硬化度 | ・圧縮 |
| ・繊維走向 | ・その他(極性、分子量) | ・養生 |

## 15.3.1 木材に関する因子

### (1) 樹種と密度

木材は、樹種によって接着の難易度や接着剤との相性がある(堀岡 1956; Frihart *et al.* 2011; 菅野 1973; Chow *et al.* 1979; 高谷ほか 1976)。これは、それぞれの樹種の化学的、物理的、形態的性質とともに、使用する接着剤の特徴に起因する。

木材の密度は、木材自身の強度に加え接着にも影響する。一般に、木材の強度は密度に比例して高くなる。常態接着強度においても同じ接着剤を用いて試験した場合、木材の密度がおよそ $0.8\,\mathrm{g/cm^3}$ までは比例して高くなる傾向にある(菅野 1973; Chow *et al.* 1979)。木材密度が $0.8\,\mathrm{g/cm^3}$ 以上になると、接着剤の浸透性やぬれ性が悪くなるため、接着強度はほぼ一定になるか、場合によっては低下する(Chow *et al.* 1979)。

### (2) 抽出成分

木材は、樹種によって特有の抽出成分、例えば油脂、炭水化物、芳香族物質を数%含む場合があり、これらが接着の際に悪影響を及ぼすことがある。具体的には、抽出成分が接着剤の硬化を阻害して不完全硬化となる場合や、疎水性の抽出成分が水性接着剤のぬれ性や浸透性を妨げて接着不良を起こす場合がある。対策としては、接着面においてこれらの成分をできるだけ取り除くことが有効であり、溶剤の利用といった化学的処理方法や、表面のサンディングなどの物理的処理方法がある。その他、接着剤塗布量の増大、硬化促進剤や充填剤の添加、圧縮条件や接着剤の変更も有効である。

### (3) 含水率

接着時の適正な含水率は、接着剤の種類によって多少異なるものの10%前

後が基準である。水性接着剤の場合、木材の含水率が高いと希釈や粘度低下が起こり、木材中への過度の浸透によって接着界面に接着剤が存在しない、いわゆる欠膠(けっこう)が生じやすくなる。また、接着剤濃度の低下によって不完全硬化になりやすい。パーティクルボードやファイバーボード、合板などは、その製造過程で100℃以上の加熱圧縮を必要とするため、含水率が高いと圧縮中に発生する水蒸気が多くなり、その蒸気圧によって解圧時に内部はく離(パンク)が起こりやすくなる。仮に高含水率木材をうまく接着できたとしても、その後の乾燥にともなう割れや狂いによって接着層に過度の応力が発生しやすくなる。その結果、接着力の低下やはく離の原因、さらには耐久性の低下に繋がる。含水率が極端に低い場合、乾燥履歴にともなうぬれ性の低下や、接着後の含水率変化にともなう木材の狂いによって接着力が低下することがある。

### (4)　表面の平滑度

　平滑な表面では、少ない塗布量かつ低い圧縮圧力でも良好な接着が得られやすい。これは、接着剤の木材への適切なぬれと浸透によって良好な接着層が形成されるためである。しかしながら、過度に表面を平滑にしても接着性はあまり改善せず、場合によっては低下する(Belfas *et al.* 1993, Hiziroglu *et al.* 2014)。そのため、通常はプレーナー仕上げで十分である。木材表面が粗い場合の対処法として、接着剤塗布量の増加、充填剤の利用、圧縮圧力の増加、さらには接着剤の変更がある。

### (5)　繊維走向

　木材は木取りによって様々な木目や繊維の配列が現れ、接着強度に影響を及ぼすことがある。板目面、まさ目面、木口面のそれぞれの組み合わせによるせん断接着強度は、まさ目面同士＞まさ目面＋板目面＞板目面同士≧木口面同士＞木口面＋まさ目面≒木口面＋板目面の順に低くなり、互いの繊維方向が直交するとさらに低くなる(上田ほか2005)。一方で、3層単板積層材の中層単板の繊維角を接着面に対して0～90°まで10°おきに変化させて接着し、圧縮せん断強度(Follrich *et al.* 2007a)やはく離強度(Follrich *et al.* 2007b)を測定した研究では、繊維角度と強度との明確な相関が見られないことが報告されている。このように、繊維走向によって接着強度の相違が見られるのは、繊維走向による木材自体の強度が異なることに加え、接着剤のぬれ性や浸透性、試験片の違いな

どが影響するためである。

## 15.3.2　接着剤に関する因子

### (1)　化学組成

　木材用接着剤には、熱硬化性樹脂を主成分としたものや熱可塑性樹脂を主成分としたものなど様々な種類があり、それぞれに特徴的な化学組成とそれに由来する接着性能を有する。一般に、熱硬化性樹脂接着剤は熱や硬化剤の作用によって三次元網目構造を形成して硬化し、接着力が発現する。熱可塑性樹脂接着剤は溶媒の揮散による固化や、熱による溶融／冷却によって接着力が発現する。このように接着剤の種類によって接着力の発現機構が異なる。また、分子構造、官能基の種類や濃度、分子量が常態接着強度、耐水性、耐久性といった接着性能に影響を及ぼす。

### (2)　粘度

　接着剤の多くは液状であり、粘度はぬれ性や浸透性に影響する。接着剤の粘度は大きく2つの因子に影響される。一つは樹脂の濃度や分子量であり、もう一つは充填剤や増量剤などの添加割合である。粘度が高すぎるとぬれが悪くなり、接着剤が十分にぬれ広がらない可能性がある。一方、粘度が低すぎると木材への過度の浸透によって、欠膠を生じることがある。合板や集成材などの製造では、グルースプレッダーやエクストルーダーなどを使用するので、接着剤はある程度の粘度が必要となる。パーティクルボードやファイバーボード等の木質ボードの製造では、接着剤を噴霧塗布するため、低めの粘度とする必要がある。

### (3)　pH

　ホルムアルデヒド系樹脂接着剤のように、水性で硬化反応を起こす接着剤では、pHが反応に影響する。例えば、ユリア樹脂接着剤は中性に調製されているが、使用時には塩化アンモニウムなどの硬化剤を加えて酸性とすることで縮合反応による硬化が進む。レゾール型フェノール樹脂接着剤は、pH10〜12のアルカリ性を示し、加熱によって硬化を進める。このように、接着剤のpHは接着剤の硬化に重要であり、接着性に影響を及ぼす。接着剤のpHが強酸や強アルカリ性の場合、被着材の劣化や変色の原因となり、場合によっては接着性

の低下に繋がることがある。

**(4)　硬化度**

　硬化反応をともなう接着剤では、硬化の程度が接着性に影響する。硬化度が不十分であると、例えば予想していた耐水性を示さないなど、十分な接着性が得られない場合がある。そのため、硬化反応が十分進行する条件で接着することが望ましい。硬化度の測定は、溶媒抽出法や熱分析など種々の方法があるものの、各方法での硬化度は相対的であり、測定方法が異なると硬化度も異なることに注意する必要がある。

**(5)　その他(極性、分子量)**

　木材のセルロース、ヘミセルロース、リグニンはヒドロキシ基やカルボニル基などの極性基を有した高分子である。極性分子は互いが接近するとファンデルワールス力や水素結合といった分子間力が働き、接着性の発現に寄与する。そのため、多くの木材用接着剤は極性基を含んでいる。

　接着剤の分子量は、被着材へのぬれ性や浸透性、凝集力に影響し、結果として接着性に影響するので適度な分子量を持つことが望ましい。一般に、分子量が高いと凝集力が大きく強い接着力が期待できる。しかし、極端に分子量が高いと脆性を示しやすく接着力の低下に繋がる。熱硬化性樹脂接着剤の場合は硬化反応による高分子化とともに接着性が向上するが、これは前述の硬化度と関連する。熱可塑性樹脂接着剤はすでに高分子化している場合が多いので、樹脂合成時の分子量の管理が大切である。

### 15.3.3　接着工程に関する因子

**(1)　接着剤の配合(製糊)**

　接着剤は直接使用するものもあるが、使用する際に増量剤や増粘剤、充填剤、硬化剤などを添加して調製することがある。増量剤は単位面積当たりのコスト低下を主たる目的として添加され、増粘剤は粘稠性の向上、充填剤は強度、耐久性、作業性などの改善を目的として添加される。これらには種々の有機粉末や無機粉末が用いられるが、例えば小麦粉は熱硬化性樹脂接着剤に対して増量剤、増粘剤、充填剤の複数の役割を担う。硬化剤は熱硬化性樹脂接着剤に対して少量加えることで硬化を進める働きがあり、ユリア樹脂接着剤に対する塩化

アンモニウムが一例として上げられる。二液型の接着剤の場合は、主剤と硬化剤の配合比が硬化物の化学構造に影響して接着性能を左右するため、決められた配合比を守る必要がある。

## (2) 接着剤の塗布

接着剤の塗布は、被着材の形状や寸法によって刷毛、ヘラ、ハンドローラーなどを用いて手作業で行う方法と、スプレーガン、グルースプレッダー、エクストルーダーなどの塗布装置を用いる方法がある。平面に接着剤を塗布する場合、被着材の片方の接着面だけに塗布する片面塗布と、両方の接着面に塗布する両面塗布がある。多孔質の木材では浸透にともなう欠膠に注意する必要があるが、均一に薄く塗布し、連続した薄い接着層が形成されることが望ましい。塗布量を必要以上に多くすると、はみ出しや滲み出しによる汚染の原因になるばかりでなく、接着層が厚くなり弱い凝集力や空隙などの欠陥によって接着性の低下に繋がる。また硬化に時間が掛かり、熱圧縮ではパンクの原因にもなる。一方、塗布量を過少にすると、欠膠が生じやすくなり十分な接着性能が得られにくい。最適な塗布量は、接着剤の種類や性質、樹種、表面の粗さ、目的などによって異なる。およその目安として、集成材では $250 \sim 300\,\mathrm{g/m^2}$、合板では $110 \sim 190\,\mathrm{g/m^2}$ が一接着層当たりの塗布量である。パーティクルボードやファイバーボードといった木質ボードでは噴霧塗布を行い、この場合の塗布量はチップやファイバーの全乾重量当たりの樹脂固形分の重量パーセントで表すことが多い。ユリア樹脂やフェノール樹脂接着剤を使用する場合は、およそ $4 \sim 12\%$ である。

## (3) 堆積

単板や挽き板などの接着では、接着剤を塗布してから接着面を重ね合わせて圧縮するまでの時間を堆積時間という。この時間は、接着剤の種類や粘度、塗布量、木材の種類や含水率、作業工程や作業環境を考慮して設定される。堆積時間は塗布してから接着面を重ね合わせるまでと、重ね合わせてから圧縮するまでの二段階に分けられる。塗布してから重ね合わせるまでの時間を開放堆積時間(オープンアセンブリータイム)といい、接着剤を空気にさらすことで溶剤の揮散を促し適度な粘着性を与えることを目的とする。重ね合わせてから圧縮するまでの時間を閉鎖堆積時間(クローズドアセンブリータイム)という。堆積

時間が短すぎると、圧縮時に接着剤の過度の浸透や滲み出しが起こる可能性がある。また堆積時間が長すぎると、接着剤の過度の乾燥や浸透、反応が進むことになり、いずれの場合も接着不良の原因となる。

### (4)　圧締

　圧締は、被着材を互いに十分密着させることで薄く均一な接着層の形成を促すことが目的である。その際、状況に合わせて圧力と温度と時間をコントロールする必要がある。圧力が低すぎると接着層が厚くなり空隙を生じやすい。逆に圧力が高すぎると、接着剤の木材中への過度な浸透によって接着層が著しく薄くなり、欠膠を生じやすくなる。また接着剤の滲み出しや流出、被着材の圧潰の原因にもなる。温度と時間は、使用する接着剤の種類や被着材の状態によって異なるが、接着剤が硬化または固化する条件を踏まえて決める必要がある。圧締には平板ホットプレスなどの圧締装置のほか、クランプやハタガネなどが使用される。

### (5)　養生

　接着剤は、圧締後であっても溶剤の散逸や更なる硬化反応を起こすことがある。そのため、圧締後に一定期間静置する養生期間を設ける場合が多い。木質材料の製造では、生産性の観点から圧締を必要最低限にとどめ、養生期間を設けて接着剤の後硬化を促している。加熱圧締で製造された材料では、内部の水分むらが大きいので、その均一化を図ることも目的としている。

●参考図書

作野友康ら(編)(2010):『木材接着の科学』. 海青社.

小西 信(著), 三刀基郷(監修)(2003):『被着材からみた接着技術 木質材料編』. 日刊工業新聞社.

日本接着学会(編)(2007):『接着ハンドブック 第4版』. 日刊工業新聞社.

日本木材加工技術協会(編)(1999):『木材の接着・接着剤』. 産調出版.

# 16章 品質管理と非破壊計測

## 16.1 測定システムの構成

### 16.1.1 はじめに

　製材工場や木質材料製造工場での生産活動は、生産技術と品質管理を相互に関連させながら進展してきたが、作業者の目視や経験に依存した生産活動には限界がある。そのため、工場での生産状態を適切な方式で自動計測し、様々な情報に基づいて最適な生産を行うことがたいへん重要となる。本章では、木材加工や品質管理に応用される自動計測や非破壊計測の基礎ならびに、計測システムの心臓部である各種センサーについて解説する。

### 16.1.2 計測システムの構成

　まず、「測定」と「計測」の違いについて説明する。測定および計測は、いずれも英語では「measurement」になるが、計測工学の分野では、両者は厳密に使い分けられている。日本産業規格（JIS Z 8103）では、測定は「ある量を、基準として用いる量と比較し数値または符号を用いて表すこと」と定められている。一方、計測は「特定の目的をもって、事物を量的にとらえるための方法・手段を考究し、実施し、その結果を用い所期の目的を達成させること」と定められており、計測のほうがより包括的に「測る」という行為を捉えている。

　計測をシステムとして考える場合は、**図16-1** のような構成となる。「計測対象」には、長さ、変位、力、温度、速度、水分など目的によって様々な物理量や化学量がある。「検出部」は計測システムの中心部分で、その根幹は各種センサー素子である。「変換部」では、

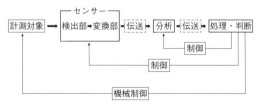

**図16-1　計測システムの構成**

検出した現象を分析・処理するサブシステムの入力に適した信号に変えられるが、大きくはアナログ変換とディジタル変換に分けられる。「分析」する内容は同一の計測量に対しても異なり、また、「処理・判断」には計算や演算過程を伴う。これら各段階間では多量のデータを「伝送」する必要がある。そして最終的にシステムの中での精度を高めるためのフィードバックや計測結果を活用した管理により、効率的な生産を行う。

## 16.2　各種センサーの原理・用途

### 16.2.1　センサーの役割

　センサーによる検出とは、何らかの物理現象を利用して検出対象の関連するエネルギー形態を分析、情報処理、記録しやすい物理量のエネルギー形態に変換することである。したがって、センサーを利用するためには、エネルギー変換に利用できる物理量の把握とエネルギー変換過程の理解を必要とする。「保存則」に従う代表的な物理量としては、エネルギー、運動量、電荷などが挙げられる。「場の法則」つまり電磁場における電磁誘導の法則を利用したセンサーとしては、速度、加速度センサーおよび差動トランス変位センサーなどがある。「物性に関する法則」を利用したセンサーの特性は、物性定数によって大きく左右される。具体的には、温度センサー(熱電効果)、力センサー(圧電効果)や赤外線センサー(焦電効果)などが挙げられる。また、光子と電子の相互作用においても、量子化された量が交換し合うので、光電効果等による微弱信号の検出が可能となる。

### 16.2.2　木材加工における品質管理

　木材加工に関連する品質管理項目には、次のようなものが挙げられる。
　　1) 立木・丸太の形質検査、節、割れ、腐れなどの欠陥検査
　　2) 最適木取り法の決定
　　3) 切削状態(切削抵抗、切削音、工具摩耗、切削面)の監視・制御
　　4) 製造過程および最終製品の各種検査(強度、含水率、欠点)
　これらは自動計測や自動制御に関わるものが多いが、作業者が製造過程で適

宜検査する事項の範疇に含まれるものもある。いずれも、様々なセンシング技術を応用している。木材加工に関わる各計測量とセンサーの種類および利用している基本原理・現象・物理量をまとめると**表16-1**のようになる。

**表16-1** 木材加工に関わる各計測量とセンサーの種類および利用している基本原理・現象・物理量

| 計測量 | センサーの種類および利用している基本原理・現象・物理量 |
|---|---|
| 位置・厚さ | 近接スイッチ、差動トランス(電磁誘導)、静電変位計(静電容量)、レーザー変位計(三角測量、光電センサ)、リニアゲージ(光学式) |
| 形状 | レーザー(光切断法、画像処理技術) |
| ひずみ・強度 | ひずみゲージ、ロードセル(抵抗値)、打撃振動(共振現象)、超音波、応力波(伝播速度) |
| 速度・加速度 | 加速度センサー(電磁誘導)、ロータリーエンコーダー(光電方式、磁気方式) |
| 音 | コンデンサマイクロフォン(静電容量)、AEセンサー |
| 圧力 | 圧力変換器(静電容量、固有振動) |
| 温度 | 熱電対(熱電効果)、測温抵抗体、サーミスター(抵抗値)、赤外線温度センサー(プランクの熱放射則) |
| 含水率 | 電気抵抗(抵抗値)、高周波(誘電率)、マイクロ波、近赤外光、X線(電磁波) |
| 材色 | カラーセンサー(光電センサー) |

## 16.3 木材加工における非破壊計測技術

### 16.3.1 品質管理としての非破壊計測

　本章では、木材の品質管理に関わる計測手法を中心に解説しているが、生産活動という観点からは、計測によって製造物が破壊されることは当然避けなければならない。そのため、一連の計測は非破壊で実施することが前提となる。これまでにも、木材を対象とした非破壊での状態・物性把握は、「非破壊試験」や「非破壊検査」として取り扱われることが多いが、日本規格協会では、「試験」は評価対象の特性を確定させることであるのに対し、「検査」は試験の結果を用いる、あるいは設計資料を解析する等の調査により、評価対象が一定の要求事項を満足することを判断するものであると定義している。したがって、得られた情報に基づいて最適な生産を行うための品質管理との関連を考えると、ここでは「非破壊計測」という用語を用いて説明するのが相応しい。以下

に、木材の含水率、強度・弾性率、欠点に関する非破壊計測手法の具体について説明する。

### 16.3.2　含水率の非破壊計測

　木材の含水率は全乾法によって正確に求められるが、破壊計測であるので様々な加工プロセス（丸太や製材品の乾燥、木質材料の製造ライン、家具・住宅部材の品質管理）には適用できない。そのため、「場の法則」や「物性に関する法則」を基盤としつつ、木材物性の含水率による変化に着目したセンシング技術によって、含水率を非破壊的に求める手法が木材加工・利用現場で活用されている。

#### (1)　直流抵抗式測定方法

　木材の電気抵抗は含水率の増加とともに急激に低下するが、繊維飽和点以上での変化は少ない（小倉、大沼 1952）。木材の比抵抗と含水率の関係を利用した直流抵抗式の含水率計は古くから市販されているが、繊維飽和点以下の測定を対象としているものがほとんどである。密度による影響は比較的小さいが、温度と樹種による影響が大きいので、これらの補正が必要となる。打ち込み式の針状電極あるいは導電性ゴム電極を検出部として使うが、材料表面の含水率しか測定できない。携帯型の水分計は廉価であり、製造現場での迅速検査機器として活用されている（図16-2）。

**図16-2** 直流抵抗式木材含水計の外観
（写真提供：（株）ケツト科学研究所）

#### (2)　高周波（誘電）式測定方法

　高周波（誘電）式測定方法は、木材に交流を流してその誘電率変化から含水率を推定する方法である。**図16-3**は、各木材密度における誘電率と含水率の関係を示す（上村 1960）。数十KHz～MHzの周波数における木材誘電率は、含水率の増加に伴って同図のように繊維飽和点以上でもほぼ直線的に変化するので、この特性を活かして含水率が推定される。センサー部である平板電極を押し当てるだけで木材表面から内部まで最大数センチレベルでの測定が可能であり、

携帯型の水分計として広く利用されているほか、製造ラインでの連続測定にも利用しやすい。測定時には、試料厚さ、温度、および密度による影響を補正する必要がある（図16-4）。

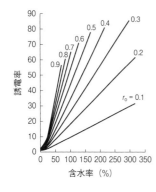

図16-3　各木材密度（$r_0$）における含水率と誘電率の関係（上村1960より作成）

図16-4　高周波（誘電）式木材含水計の外観（写真提供：(株)ケット科学研究所）

## （3）　マイクロ波式測定方法

　周波数300 MHz-30 GHz（波長1 cm〜1 m）の電磁波であるマイクロ波は、水分によって熱損失として吸収されるエネルギー量が極めて大きい。マイクロ波式測定方法はこのことを利用して、木材中の水分によるマイクロ波の減衰量を水分値に置き換えて表示する方法である。マイクロ波は比較的大きな断面の木材でも透過するので、単板や製材品の含水率測定に実用化されている。**図16-5**は、マイクロ波式木材含水計による柱材含水率計測の様子である。図のように、木材に非接触の状態で計測が可能であるため、製造ラインでの全数高速検査が可能である。高周波（誘電）式測定方法と同様に、試料厚さ、温度、および密度による影響を補正する必要がある。

図16-5　マイクロ波式木材含水計による柱材含水率計測の様子（写真提供：(株)エーティーエー）

## （4）　その他の測定方法

　波長800-2500 nmの電磁波である近赤外光は、有機物質に吸収される割合が赤外光に比べて格段に小さいので、農産物や木材等の非破壊成分分析に適している。製紙工場では、オンライン水分・坪量計測機器として導入されているが、

近赤外光は木材表面から数ミリ程度しか侵入できないために、得られたスペクトルデータを多変量解析することによって、ラミナや単板のオンライン多形質計測システムとしての利活用が試みられている（Kobori *et al.* 2015）。また、周波数30GHz〜10THzの電磁波であるミリ波・テラヘルツ波によって木材の含水率や密度を非破壊測定する研究も国内外で進められている（田中 2014）。

物質透過能力の大きなX線の透過情報に基づくコンピューター断層撮影（X線CT）技法を用いて、丸太や木材内部の水分分布や節や腐れに関する情報を精密に計測する研究開発も幅広く展開されており（**図16-6**）、後述のように、製造ラインでの非破壊検査装置として大規模製材工場等に導入されている。

**図16-6** X線CT法による木材内部のCT画像（左）と含水率分布画像（右）（写真提供：森林総合研究所　渡辺 憲氏）

破壊測定の範疇に入るが、もっとも基本的な測定原理であり、多くの公定標準測定法に採用されている「乾燥減量法」について紹介する。これは、試料を赤外線照射によって加熱乾燥させ、含まれていた水分の蒸発による質量変化から含水率を求めるものである。水分量を高精度で直接求めることができ、バイオマス燃料の抜き取り検査等に利用されている（**図16-7**）。

**図16-7** 赤外線水分計（乾燥減量法）の外観（写真提供：(株)ケット科学研究所）

### 16.3.3　強度の非破壊計測

木材のヤング係数（ヤング率）は樹種に関係なく強度との相関が高いので、ヤング係数計測を強度計測の代替とみなして非破壊計測が行われている。「場の法則」や「物性に関する法則」を基盤としたセンシング技術によってヤング係数を求める方法が、木材加工・利用現場で活用されている。木材に曲げ荷重を与える静的方法と木材を打撃して発生する音や振動から強度を求める動的方法

に分類される。

## (1)　曲げ荷重式測定方法

製材品を一定の速度で送りながら、短いスパンの曲げ荷重を与え、一定荷重時のたわみ量または一定のたわみを与える荷重からヤング率を求める。曲げ荷重式機械等級区分装置（グレーディングマシン）として市販されており、一般社団法人全国木材組合連合会（全木連）では針葉樹の構造用製材（機械等級区分製材）に関する装置として、数社の機種を認定している（全木連ウェブサイト2009）（**図16-8**）。

**図16-8** 曲げ荷重式機械等級区分装置による柱材ヤング係数計測の様子（写真提供：飯田工業(株)）

## (2)　打撃振動式測定方法

木材の固有振動数と密度からヤング係数を求める方法で、材料の共振現象を利用するものである。木材端面をハンマー等で打撃して発生する音をマイクロフォンで捕捉し、その振動数をFFTスペクトルアナライザーで解析してヤング率を求める。測定精度および再現性に優れており、また、ほぼ非接触で迅速に測定できるため、打撃振動式機械等級区分装置として市販されている。曲げ荷重式と同様に、数社の機種が針葉樹の構造用製材に関する装置として、全木連の認定を受けている（全木連ウェブサイト 2009）（**図16-9**）。また、丸太のヤング率についても同法による計測が試みられており、産業的にも普及しつつある。

**図16-9** 打撃振動式機械等級区分装置のハンマおよびマイクロフォン

### (3) 超音波伝播式測定方法

　木材の端面(木口)に周波数20 kHz以上の超音波送信センサーと受信センサーを密着させ、両センサー間の超音波伝播時間を測定し、伝播時間と木材密度からヤング係数を求める。繊維傾斜角や年輪傾角等の影響を大きく受けるため、実用化に向けての更なる技術開発が進められている。また本法は、樹木内部の腐朽診断装置としても利活用されている(神庭2008)。

### (4) 応力波伝播式測定方法

　物体に動的な力が加わると、それによる応力やひずみは波として物体を伝わる。これを応力波と呼ぶが、立木、丸太や製材品に2個の加速度センサを取り付け、片方のセンサーをハンマー等で打撃することにより、この応力波を発生させる。センサー間の応力波伝播時間と材料の密度からヤング係数を求める。応力波伝播時間を測定する装置も市販されており、これを応用した立木、丸太、古材(Yamasaki *et al.* 2017)等のヤング係数測定や腐朽検査が行われている(図16-10)。

**図16-10** 応力波伝播時間測定装置を用いた立木のヤング率計測

## 16.3.4　欠点の非破壊計測

　木材の節、割れ、腐れ等の欠点検出は、1)立木・丸太状態での検査、2)製造過程および最終製品の検査、に大別される。現在でも、作業者の目視や経験に依存した作業は行われているが、画像処理等を援用した自動非破壊計測システムも製材工場や木質材料製造工場で導入されている。

## (1)　立木・丸太状態での欠点非破壊計測

目視あるいはハンマーによる打音診断は、もっとも初歩的かつ簡便な非破壊診断であり、現在でも公園・街路の樹木検査等には欠かせない方法である。また、ガンマ線、超音波、応力波、打撃振動、ピンやドリルの打ち込み深さや抵抗値等を応用した樹木内部の腐朽診断装置の利用が複数提案されている（山田2008）。

## (2)　製造過程での欠点非破壊計測

製材工場や木質材料製造工場では、製造ラインの高速化が進んでいる。このため、CCDカメラによって撮影した画像を処理することによって、製材品の等級区分を自動で行うオンラインシステムが開発されているが、CCDカメラの有効画素数や搭載台数、スキャニング速度、画像処理方法によって性能は大きく異なる。

**図16-11** 木材表面欠点検出システムの外観（写真提供：(株)鈴工）

さらに、X線CTスキャンや光切断法（He-Neレーザー等のスリット光を材料表面に照射し、別の角度からCCDカメラ等でスリット光の幅の変化や形状を計測し、材料表面の三次元形状を求める方法）等を組み合わせて、高度な欠点非破壊計測を行う装置も市販されている（Siekański *et al.* 2019）。複数センサーの組み合わせと画像処理の熟練が、120 m/min.以上の高速で多形質を判定するうえでの大きな鍵となる（**図16-11**）。

### ●参考図書

Ross, R.J.(ed.) (2015)："Nondestructive Evaluation of Wood: second edition". General Technical Report FPL-GTR-238. Madison, WI: U.S. Department of Agriculture, Forest Service, Forest Products Laboratory. https://allisontree.com/wp-content/uploads/docs/fpl_gtr238.pdf（2022年9月確認）.

南 茂夫ら（2012）：『はじめての計測工学　改訂第2版』. 講談社サイエンティフィク.

# 17章 きのこと菌類

## 17.1 担子菌やその他の菌類の分類と生態

### 17.1.1 菌類の分類

「菌類」という名称は、一般名称としての使われ方と、生物学的分類上の用語の両方の意味合いを持つ。前者では、酵母菌、カビ、きのこなど比較的我々に身近な菌類を指す言葉として用いられており、一方、後者では、生物学的な分類群に関連した意味を持つ。

菌類の分類としては、肉眼で観察できるような大型の子実体(いわゆる「きのこ」)を形成する大型菌類(macrofungi)と、顕微鏡でのみ認識できるような小さな微小菌類(microfungi)に分類することができる。すなわち、シイタケやマイタケなどの食用菌やカワラタケなどの菌は前者の典型であり、後者の例としては麹菌などが挙げられる。ただし、これらの分類はあくまで見た目上の特性の違いを利用した分類であり、生物学的な分類階級の観点では、下述の通り別の分類がなされる。

菌類の生物学的な分類に関しては18世紀前半の植物学者であるミケーリによる分類研究を皮切りに、現在に至るまで非常に多くの研究者によりその体系化が進められてきた。生物の分類階級は上位から、ドメイン、界、門、綱、目、科、属、種とされる。菌類は、真核生物ドメインの菌界に属する生物分類群を指し、これが担子菌門、子嚢菌門、ツボカビ門などといった具合に門レベルで複数に分かれ、さらに、階級が低位に進むにつれ細分化されていき、最終的に種にまで分類される。また、菌類の生物学的分類は古くから、見た目上の特徴や生理学的特性に基づき為されてきたが、そのような基準では判別が困難なものも多く、そのような生物学的分類が不明なものについては不完全菌として分類されてきた。しかし近年、菌の分類学に遺伝子レベルでの分類手法が導入されたことにより、それら不完全菌を正しい分類群に帰属させることが可能となったため、現在、不完全菌という用語は少なくとも生物学的分類としては用

いられないことに注意が必要である。

　それぞれの分類階級の間には中間的な分類階級も存在する。菌類で言えば、界と門の間には二核菌亜界(Dikarya)と呼ばれる階級が存在する。この二核菌亜界は、高等真菌類である担子菌門と子嚢菌門が属する分類群であり、特に担子菌は、本章17.2で後述するシイタケ、ナメコ、エノキタケなどの食用きのこや18章で後述する主要な木材腐朽菌である白色腐朽菌および褐色腐朽菌のほとんどが属する分類群であるため、木材分野における真菌類として極めて重要な分類群である。

### 17.1.2　菌の同定

　菌の同定とは、すなわち対象としている菌の学名を特定することである。学名とは生物学的分類における生物の正式名称とも言えるものであり、一般に、属と種で表現される。例えば、食用きのことして有名な担子菌であるシイタケの学名は *Lentinula edodes* であるが、この場合、属が *Lentinula* であり、種が *edodes* である。

　菌類の分類でも記述した通り、菌類は見た目上の特徴や生理学的特性などを基準として分類されてきたことから、菌類の同定も同様の基準でなされてきた。しかしながら近年の菌類の分類学における遺伝子配列情報の蓄積は目覚ましく、したがって、菌を同定する場合についてもその蓄積された遺伝子配列情報に基づく解析法が主流となっている。遺伝子配列に基づき菌種を同定する手法には、短時間で簡便に結果が得られることや微量なサンプルでも調査が可能であるといった実験上の利点だけではなく、得られる結果の正確性が高いこと、すなわち、見た目の特徴といった判別者の技量や知識に依存した判断ではなく、長期間にわたって遺伝子内に蓄積された進化系統情報(変異の情報)の比較に基づく客観的な判別法である、といった極めて大きな利点がある。遺伝子レベルでの菌の同定の具体的な流れは、同定したい菌の菌体から抽出したDNAを鋳型として、ポリメラーゼ連鎖反応(PCR)により特定遺伝子領域を増幅し、その特定領域の塩基配列をDNAシークエンサーにより読み取るといった一連の操作でなされる。ここで読み取られた塩基配列をデータベースに保存されている大量の菌類の塩基配列情報と比較することで、一致(もしくは顕著に類似)した塩基

配列を有する菌類が目的の菌種として同定される。比較に用いられる特定遺伝子領域には様々なものが提案されているが、菌類の同定や分類で最もよく用いられているのはリボソームDNA領域およびその介在配列Internal Transcribed Spacer（ITS）領域である。リボソームDNA領域およびITS領域に蓄積する変異の速度は、それぞれ異なっており（すなわち、進化の速度がリボソームDNA領域とITS領域で異なっており）、したがって、調査したい菌種や目的に応じて、リボソームDNA領域とITS領域のどちらを比較の対象とするか、もしくは両方を対象とするかといった形で用途によって使い分けることができる。

### 17.1.3 担子菌類の生活環

　真菌類には、酵母型の単細胞真菌から糸状性の多細胞真菌まで多様な生態的な特徴を有するものが存在しており、その生活環（生物個体が生まれてから次世代に至るまでのサイクル）は極めて多様である。誌面の都合上、全てを紹介することは不可能であるため、ここでは木材分野で最も重要な真菌類の一つである木材腐朽性の担子菌類に焦点を当て、その生活環を概説することとする。

　木材腐朽性の担子菌は他の多くの真菌類と同様に、胞子から発芽した菌糸が細胞分裂を繰り返しながら伸長および分岐を繰り返して放射状にコロニーを拡張する。あるいは木材中であれば、18章で後述する様々な分解酵素を分泌しながら木材細胞壁を分解し、菌糸を拡大していく。胞子から発芽した菌糸は細胞中に核を1つ保持しており、これを一次菌糸と呼ぶ。交配型の異なる核を有する一次菌糸が出会った場合、一方の菌糸細胞からもう一方の菌糸細胞に核が移行して1つの細胞に2つの核が存在する菌糸が生じる。このような菌糸を二次菌糸と呼ぶ。二次菌糸が細胞分裂を繰り返しながら伸長する際に、カスガイ連結（クランプコネクション）を形成し、カスガイ状突起（クランプ）と呼ばれる特徴的な突起が形成される。この突起は他の分類群に属する菌類には観察されない形態学的特徴であり、したがって、担子菌を識別する際の基準の一つとして利用される。また、菌糸が束状に集合した構造体を形成する場合もあり、これは菌糸束と呼ばれる。菌糸束は水分や養分を移動させる機能を持つ。

　一般に我々がきのこと呼ぶ構造体は子実体と呼ばれ、その形状や大きさは菌の種類によって様々である。この子実体の裏側にはひだやイグチ類などでは管

孔と呼ばれる小さな穴が観察される。このひだや管孔部には二次菌糸の先端が
こん棒状に膨れた担子器と呼ばれる器官が形成され、ここに担子胞子が作られ
る。すなわち子実体はもっぱら胞子形成を担う、菌類にとって重要な構造体で
あり、ここから外界に放出された胞子は新たな場所で発芽し、一連の新たな生
活環が開始されることになる。

## 17.2 食用きのこ

### 17.2.1 食用きのこの生産状況

　我が国での食用きのこ生産は1960年頃から1年間を通じて生産可能な周年
栽培が始まり、1960年では33,000トンであった。1965年には約2倍の60,000
トンとなり、1968年には100,000トンに達し、1977年には200,000トン、1984
年には300,000トン、1998年には400,000トンを超え、2008年以降は500,000
トン以上となり、1960年に比べて半世紀の間に約16倍に増加し、漸増を続け
ている（農林水産省2022、図17-1）。

　このように著しく増加した背景には、栽培形態の主体が原木栽培から菌床栽
培になったこと、自然条件に依存する自然栽培から栽培環境を制御する施設を
組み込んだ施設栽培への移行が大きく影響した。これに伴い、栽培に適した高
収量、高品質な品種の育種、栽培資材、栽培施設の開発が行われ、消費者ニー

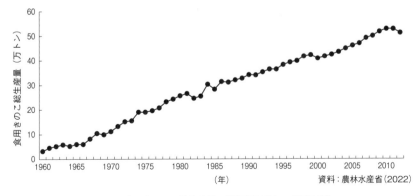

図17-1　食用きのこの総生産量の推移（1960年～2012年）

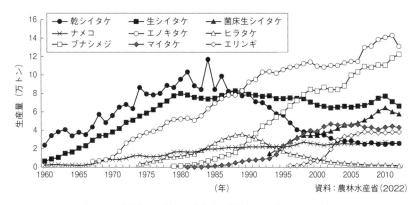

**図17-2　食用きのこ種毎の生産量の推移（1960年〜2012年）**

ズに応えるために多種多様な食用きのこの栽培に至っている（高畠 2015）。

　主要食用きのこには、シイタケ（乾シイタケ、生シイタケ）、ナメコ、エノキタケ、ヒラタケ、ブナシメジ、マイタケ、エリンギ、キクラゲ類がある。主要食用きのこの総生産量の推移に応じて、きのこ生産を牽引する中心的役割を果たすきのこ、栽培が開始されて起動力となるきのこがある（根田 2006、**図17-2**）。総生産量が100,000トン（1968年）レベルまでは、原木シイタケ栽培が牽引し、ナメコ、エノキタケの菌床栽培が開始されて次の展開の起動力となった。この時代のシイタケ栽培は乾シイタケが中心であるが、原木生シイタケ栽培の周年栽培が始まった。きのこ総生産量が300,000トンに到達した時期（1985年頃）までは、原木栽培のシイタケ、菌床栽培のエノキタケが牽引し、ヒラタケ菌床栽培が始まり、ナメコと同様に安定生産され、ブナシメジ、マイタケの栽培が開始された。この時期、原木シイタケ栽培は乾シイタケ、生シイタケ共に堅調な伸びを示し安定生産された。きのこ総生産量450,000トン（2010年）レベルでは、牽引するきのこはエノキタケ、ブナシメジ、マイタケとなり、菌床生シイタケ、エリンギが栽培開始され安定生産されている。主要きのこ以外にハタケシメジ、ウスヒラタケ、クリタケ、クロアワビタケ、ヤナギマツタケ、ホンシメジ、マンネンタケ、ヤマブシタケ、ハナビラタケ、バイリング等、多種多様なきのこが栽培されているが、これまでの傾向を考慮するときのこ総生産量を更に伸ばすには起動力となる新たな栽培きのこの出現が待ち望まれる。

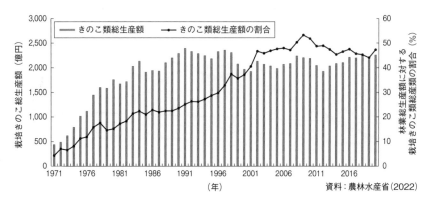

図 17-3　食用きのこの総生産額の推移（1971 年～2020 年）

　食用きのこ生産は特用林産物（山林で収穫される木材以外のもの）として林業
に組み込まれ、2002 年以降特用林産物高は林業産出高の約 50 ％を占め、食用
きのこ生産高は特用林産物の約 90 ％となり、林業産出高に対しては 45 ～ 50 ％
占めて 2000 ～ 2300 億円で推移している（農林水産省 2022、**図 17-3**）。

## 17.2.2　食用きのこの栽培方法

　食用きのこの栽培方法は用いる基質、即ち原木と原木以外の木質材料によっ
て分けられる（**図 17-4**）。雑木林のコナラ等の立木を伐採して 25 ～ 100 cm 位の
長さに玉切りした原木にきのこ種菌を接種する原木栽培と、鋸屑（きのこ栽培

| A | 原木栽培 | B |
| --- | --- | --- |
| 自然栽培 | | 施設栽培 |
| C | 菌床栽培 | D |

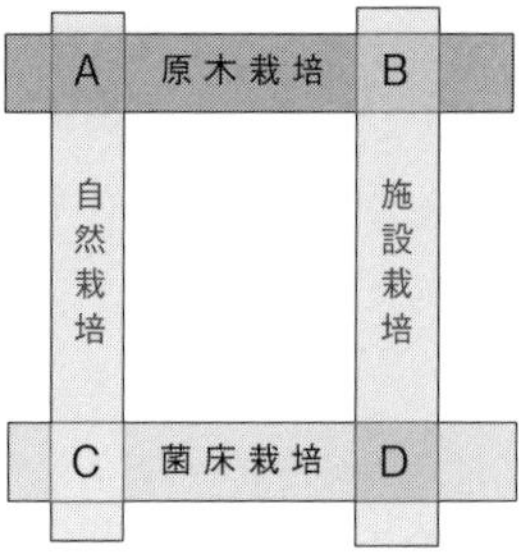

図 17-4　食用きのこ栽培の形態

ではオガ粉）やコーンコブ（トウモロコシの芯
の粉砕物）等の木質材料と米糠、フスマ、コー
ンブラン等穀物糠類の栄養材、さらに水を
混合して培養基を調製してきのこ種菌を接種
する菌床栽培がある。栽培形態として、自然
環境条件を利用する自然栽培と、温湿度を調
整した施設を利用する施設栽培がある。食用
きのこ栽培方法は、基質に応じての原木栽培、
菌床栽培あるいは栽培形態の自然栽培、施設

原木玉切り

エゾマツオガ粉

図17-5　原木とオガ粉

栽培を組み合わせて区分できる（図17-5、古川1985）。

　原木栽培では、玉切りした原木にドリルなどで穿孔した孔をきのこ種菌で埋めることや、あるいは木口面に種菌を塗布して木口面を重ね合わせることが接種工程となり、そのまま林地で伏せ込み、子実体の発生誘導を促す。この栽培法は玉切りした材内が無菌状態に近いことが前提になっている。そのため原木の滅菌処理が不要となり、滅菌施設や無菌室を備える必要がなく、きのこ種菌を無菌的に取り扱う無菌操作を具備する必要もない。しかし、直径12 cm、長さ1 m程度の原木の重量は約6 kgあり、原木を運搬、移動、上下を反転させる天地返しには重労働を要する。さらに食用きのこ種に応じての原木の確保は絶対条件であり、商用規模の生産において針葉樹材が利用されることはない。例えばシイタケ原木栽培ではコナラ類が必須であり、きのこ種に応じて利用できる樹種が限定され、利用される原木の直径は6〜30 cmと、特定サイズの原木が必要となる（図17-6）。

　菌床栽培ではきのこ種による樹種の利用幅は原木栽培より広く、抗菌成分が含まれていなければ利用可能である。エノキタケ、ブナシメジ、ヒラタケ、キクラゲ類では針葉樹オガ粉が用いられ、培地の支持体として機能する材料であれば栽培に供することが可能である。また、機械化、集約化による大規模生産が可能である。しかし、培養基の滅菌処理が必要であり無菌操作による接種が

原木からの発生

菌床からの発生

図17-6　シイタケ子実体の発生

要件となる。これに伴う無菌室等の施設や技術的なスキルも必要とされる。自然栽培は接種、伏せ込み(培養)、発生の一連の工程を屋外の自然環境課で行う栽培である。施設栽培は、きのこ栽培の一連の工程の一部あるいは全体を温度、湿度が調整された施設で栽培する方法である(図17-6)。

　原木・自然栽培法(A)が最も粗放的な栽培法であるが、発生する子実体は野生きのこに近い形態となる。菌床・施設栽培法(D)は最も人工的な栽培方法であり、エノキタケ、ブナシメジ、マイタケ等の飛躍的な生産量の増加をもたらした。原木生シイタケが周年で栽培可能になったのは接種、伏せ込み、発生を、温度や湿度を制御した空調施設や水槽を利用する原木・施設栽培法(B)が発展したからである。菌床・自然栽培法(C)では、殺菌、接種を施設で、培養、発生を自然環境下で行う栽培法であり、自然環境の基で発生する子実体は野生きのこに近い形態となる(図17-4)。

### 17.2.3　食用きのこの栄養成分

　食品の一般成分である、水分、粗タンパク質、粗脂肪、灰分、炭水化物の含有割合に関して、主要食用きのこ10種の平均値は水分90％未満、タンパク質3％程度、脂質0.5％未満、糖質5％程度、繊維質1％未満、灰分1％未満となり、きのこ類は野菜類とほぼ同じ組成を示す(表17-1)。きのこ類の個々の種に応じて特徴があり、ヒラタケはタンパク質で高い含有量を示し、脂質ではエノキタケ、マイタケで、炭水化物の糖質ではナメコ、食物繊維ではキクラゲ類で、

表17-1　きのこ類と野菜類の一般成分の比較（菅原1997：82より作成）

（可食部100g中）

| 食品 | エネルギー(kcal) | 水分(g) | タンパク質(g) | 脂質(g) | 糖質(g) | 繊維(g) | 灰分(g) | P(mg) | K(mg) | 備考 |
|---|---|---|---|---|---|---|---|---|---|---|
| きのこ類 | ― | 91.5 | 2.6 | 0.4 | 4.0 | 0.8 | 0.7 | 79 | 309 | 10種 |
| 野菜 | 32 | 89.9 | 2.4 | 0.2 | 5.5 | 1.0 | 1.0 | 52 | 387 | 101種 |

表17-2　きのこ種毎の一般成分（菅原1997：82より作成）

（可食部100g中）

| キノコ | タンパク質(g) | 脂質(g) | 炭水化物 | | 灰分(g) | Ca(mg) | P(mg) | Fe(mg) | Na(mg) | K(mg) | 水分(g) |
|---|---|---|---|---|---|---|---|---|---|---|---|
| | | | 糖質(g) | 繊維(g) | | | | | | | |
| シイタケ | 25.0 | 1.9 | 56.5 | 10.1 | 6.4 | 10.7 | 593 | 3.53 | 85 | 2366 | 90.3 |
| エノキタケ | 23.8 | 5.2 | 53.8 | 9.2 | 7.9 | 10.5 | 967 | 8.12 | 48 | 2924 | 88.6 |
| ヒラタケ | 42.4 | 1.8 | 37.1 | 11.1 | 7.6 | 3.9 | 1061 | 7.83 | 74 | 2720 | 88.9 |
| ナメコ | 23.8 | 1.8 | 61.3 | 5.8 | 7.3 | 39.2 | 951 | 12.29 | 47 | 2719 | 92.7 |
| ブナシメジ | 29.9 | 3.7 | 48.7 | 8.8 | 8.9 | 27.9 | 1272 | 16.98 | 216 | 4090 | 90.7 |
| マイタケ | 25.4 | 3.3 | 48.2 | 16.5 | 6.6 | 19.4 | 1115 | 5.75 | 86 | 3206 | 90.9 |

注）ここのキノコ類では，特徴があるものがある。

　灰分ではブナシメジが高い含量を示す（**表17-2**）。きのこ類、野菜類ともに炭水化物において食物繊維を含むことが他の食品との大きな違いであり、更にきのこ類ではキチンを含むが野菜類にはキチンを含有しないことは両者の大きな違いである。また、野菜類は少量のカロリーを有するが、きのこ類は零カロリーである。きのこ類の食物繊維量、キチン量は、それぞれ28～93％、1～9％と、きのこ種に応じて大きく異なる。キクラゲ類は80％以上の食物繊維量を含有し、ヒラタケ、エノキタケ、マイタケは30％前後の含有量を示し、キチン含有量ではキクラゲ類は1～2％、ヒラタケ、エノキタケ、マイタケは6％前後の含有量を示し、食物繊維とキチンの含有量は相反する傾向を示す（**表17-3**）。
　きのこの炭水化物を構成する遊離糖・糖アルコールに関して、トレハロース、グルコース、マンニトール、グリセロールは普遍的期に存在する。きのこ種に応じて1～2種類の遊離糖・糖アルコールで80％以上を構成する（**表17-4**）。きのこの主要な有機酸はリンゴ酸、コハク酸、フマル酸、クエン酸、ピログルタ

表17-3 きのこ類のキチンと総食物繊維の含有量(菅原1997：85より作成)

(可食部100g中)

| キノコ | キチン | TDF | キノコ | キチン | TDF |
|---|---|---|---|---|---|
| シイタケ* | 8.88 | 53.43 | ナメコ | 4.34 | 39.34 |
| ヒラタケ | 4.99 | 27.76 | ナメコ* | 3.52 | 35.98 |
| ヒラタケ* | 6.27 | 30.64 | マイタケ | 6.61 | 31.36 |
| エノキタケ | 5.80 | 34.44 | シロキクラゲ | 1.05 | 80.73 |
| エノキタケ* | 7.65 | 34.69 | キクラゲ | 1.46 | 70.00 |
| フクロタケ | 6.96 | 45.22 | アラゲキクラゲ | 1.71 | 93.33 |
| ツワリタケ* | 10.54 | 32.75 | マツタケ | 5.22 | 43.23 |

注) TDF：総食物繊維(Total Dietary Fiber)，*：栽培種

表17-4 きのこ類の遊離糖・糖アルコール(菅原1997：52より作成)

(可食部100g中乾物換算値)

| きのこ種 | グリセロール | アラビトール | マンニトール | グルコース | フルクトース | トレハロース | エリトリトール | 総遊離糖 | 総糖アルコール |
|---|---|---|---|---|---|---|---|---|---|
| シイタケ | 0.1 | 7.7 | 4.6 | 0.4 | 0.1 | 6.4 | — | 6.9 | 12.4 |
| エノキタケ | 4.7 | 13.9 | 0.6 | 0.2 | — | 1.2 | — | 1.4 | 19.2 |
| ヒラタケ | 0.4 | — | 4.9 | 0.6 | — | 8.1 | — | 8.7 | 5.3 |
| ブナシメジ | 0.2 | — | 1.3 | 0.1 | — | 2.1 | — | 2.2 | 1.5 |
| ナメコ | 0.1 | — | 0.1 | 0.5 | — | 16.2 | — | 16.7 | 0.2 |
| ツクリタケ | 0.1 | — | 10.2 | 0.1 | — | 0.5 | — | 0.6 | 10.3 |
| キクラゲ | 0.1 | — | 0.1 | 0.1 | — | 1.2 | — | 1.3 | 0.2 |
| アラゲキクラゲ | 0.1 | — | 0.1 | 4.6 | 1.3 | 1.4 | — | 6.0 | 0.7 |
| マイタケ | 0.2 | — | 0.7 | 1.0 | — | 4.5 | — | 5.5 | 0.9 |
| ナラタケ | 0.4 | 0.2 | 6.1 | 0.2 | 0.1 | 2.6 | 2.5 | 2.9 | 9.2 |

ミン産、αケトグルタル酸、シュウ酸である。きのこの種に応じて総有機酸の80％以上がこれら有機酸の2〜3種より構成されている(**表17-5**)。

遊離アミノ酸に関して、タンパク質性アミノ酸ではアラニン、グルタミン酸、グルタミンの含量が多く、芳香族性アミノ酸のメチオニン、システィン、トリプトファン、フェニルアラニンの含量は少なく、特に含硫アミノ酸は微量である。非タンパク質性アミノ酸ではオルニチン、γ-アミノ酪酸、シスタチオンが80％以上のきのこ類で含有している。

ビタミン類に関してきのこにはビタミンA、ビタミンEの脂溶性ビタミン類を含有しない。ビタミンB群は野菜類の2倍以上含み、ビタミンB群の供給源

表17-5　きのこ類の有機酸(菅原1997：55より作成)

(可食部100g中乾物換算値)

| きのこ類 | ギ酸 | 酢酸 | 乳酸 | シュウ酸 | コハク酸 | フマル酸 | リンゴ酸 | α-ケトグルタル酸 | 酒石酸 | ピログルタミン酸 | クエン酸 | 総有機酸 |
|---|---|---|---|---|---|---|---|---|---|---|---|---|
| シイタケ | 19 | 22 | 112 | 21 | 46 | 185 | 1622 | 21 | 216 | 252 | 283 | 2799 |
| エノキタケ | 2 | 5 | 137 | 83 | 598 | 52 | 1679 | 71 | — | 366 | 142 | 3135 |
| ヒラタケ | 5 | 15 | 11 | 24 | 106 | 548 | 2868 | 12 | — | 1512 | 203 | 5304 |
| ブナシメジ | 10 | 12 | 88 | 88 | 1197 | 68 | 2641 | 5 | — | 444 | 622 | 5175 |
| ナメコ | 4 | 8 | 99 | 51 | 270 | 379 | 1599 | 358 | — | 508 | 749 | 4025 |
| ツクリタケ | 16 | 4 | | 96 | 322 | 496 | 2252 | 24 | — | 1146 | 116 | 4472 |
| キクラゲ | — | 4 | 2 | 24 | 2 | 249 | 42 | | — | | 48 | 371 |
| シロキクラゲ | — | — | 2 | 2 | 36 | 2 | 104 | 48 | — | — | 232 | 426 |
| マイタケ | 3 | 5 | 5 | 161 | 270 | 124 | 1826 | 358 | — | 18 | 107 | 2877 |
| マツタケ | 4 | 8 | | 22 | 140 | 1197 | 1627 | 5 | — | 267 | 24 | 3294 |

になっている。また、エルゴステロールが含まれ、紫外線により骨形成に関与するビタミンDとなる。きのこのリボ核酸はヌクレアーゼにより旨味成分であるグアニル酸となり、さらにグアニル酸分解酵素により無味のグアノシンとなる。ヌクレアーゼは60〜75℃で活性が高く、グアニル酸分解酵素は60℃以上で失活することから旨味形成には温度が大きく影響する(菅原1997)。

● 参考図書

日本菌学会 (2014)：『菌類の生物学 —— 分類・系統・生態・環境・利用 —— 』.

日本木材保存協会(編) (2018)：『木材保存学入門 改訂4版』.

古川久彦(編) (1992)：『きのこ学』，共立出版.

堀越孝雄ら(訳) (2016)：『現代菌類学大鑑』，共立出版.

水野 卓，川合正充(編) (1992)：『キノコの化学・生化学』，学会出版センター.

# 18章　生物劣化と耐久性

## 18.1　腐朽と防腐

### 18.1.1　腐朽と環境要因

　担子菌や子のう菌が樹木や木材に到達し幹や木材内で活動を始めると、菌の成長に伴い木材細胞壁が分解される。分解された細胞壁は徐々に強度を失い、最終的には変形・崩壊に至る。このような菌類による木材細胞壁の分解と、それに伴う形態変化や強度低下を腐朽と呼ぶ(福田 1997)。また、木材に腐朽を引き起こす菌類を総称して木材腐朽菌と呼ぶ(**表**18-1)。一方、木材表面に付着するが木材細胞壁を分解できないカビや、木材内部へと侵入し木材内部を変色させるものの木材細胞壁を分解しない青変菌・辺材変色菌は、木材腐朽菌に含めない(**表**18-1)。

表18-1　木材の価値を下げる菌類の分類

|  |  | 加害した木材の外観・形態変化による分類 | | |
| --- | --- | --- | --- | --- |
|  |  | 表面汚染菌 | 青変菌 辺材変色菌 | 木材腐朽菌 |
| 生物学上の分類 | 接合菌類 | ○ |  |  |
|  | 子のう菌類 | ○ | ○ | ○ |
|  | 担子菌類 |  |  | ○ |

　木材の腐朽は木材腐朽菌によって引き起こされるため、水分、空気(酸素)、栄養、温度などが腐朽の発生や進行に影響を与える(吉田 2018)。各因子の影響を以下に記す。

#### ①過不足のない水分

　木材腐朽菌は木材細胞壁内にある結合水を利用できない。また、18.2で詳説するように木材腐朽菌は菌体外に分泌した酵素や低分子化合物などを使って木材細胞壁を分解する。この分解系を働かせるためには木材腐朽菌と木材細胞壁との間に自由水がある必要がある。すなわち木材腐朽には繊維飽和点以上の含

水率が必要となる。ただし、木材腐朽菌には水分の多いところから少ないところへと水を運ぶ能力があるため、部分的にでも自由水があればそこから含水率が繊維飽和点以下だった木材へと水を運び、そこで腐朽を引き起こすことも可能である(Stienen 2014)。一方、含水率が高くなりすぎ酸素の供給が絶たれるような環境下で腐朽は進行しない。

②酸素

　空気の供給が十分にある環境下では、空気中に1％でも酸素が入っていれば腐朽は進行する。このため水で飽和した木材であっても、外部から十分な酸素が供給されるクーリングタワーの様な環境では、腐朽が進行する。一方、水でほぼ飽和した木材の内部など水の移動がなく空気の供給が不十分な環境下では腐朽は進行しない。

③栄養

　木材腐朽菌は木材を唯一の栄養源として生育できる。ただし、木材のみを栄養源とする場合は菌の成長や木材の分解が遅くなる。これは、木材腐朽菌の乾燥質量のうち5％程度を窒素が占めるのに対し、乾燥した木材には窒素が0.1％程度しか含まれておらず、心材ではその割合がさらに低くなることや、微量元素などの中にも木材中の含有量が少ないものがあるからである。このため木材を唯一の栄養源として生育する木材腐朽菌では、欠乏している栄養素が菌の成長や木材分解酵素生産の律速となる。これに対し、伸長した菌糸が土壌や枯れ葉が堆積した場所などへと到達した場合、あるいは隣にあった腐朽材から菌糸が伸びてきた場合などでは、木材腐朽菌は土壌や枯れ葉、あるいは腐朽材中の菌糸などに含まれる窒素や微量元素を利用することで、木材を唯一の栄養源とする場合より活発に生育できる(木材を早く分解できる)ようになる。

④温度

　木材腐朽菌が好む温度範囲は菌によって異なり、24～32℃を好む菌を好中温菌、それ以下またはそれ以上の温度を好むものを好低温菌、好高温菌と呼ぶ。菌が生育できる下限値については、0～5℃という報告が多いが零℃以下になる南極大陸でも軟腐朽菌の生息が確認されている。一方、上限値としては、長期的(数週間)には45℃程度、さらに短時間(0.5時間)であれば60～80℃程度まで耐えられる木材腐朽菌も存在する。

### ⑤木材腐朽菌（胞子や菌糸）の存在

　腐朽が生物によって引き起こされる現象であることから、腐朽を引き起こす生物、すなわち木材腐朽菌が腐朽の発生に必須となる。木材腐朽菌は胞子あるいは菌糸の状態で木材に到達するため、腐朽菌が繁殖した床下など木材腐朽菌の胞子の密度が高く周囲の木材や土壌から木材腐朽菌の菌糸が多数伸びてくるような環境で腐朽リスクは高まる。一方、周辺に木材腐朽菌がほとんどいない環境で腐朽リスクは下がるものの、空気中に漂っている数μmと非常に小さい木材腐朽菌の胞子が木材表面に付着する可能性があること、わずかな隙間があれば胞子が気流や雨水などとともに木材へと侵入できることなどから、木材腐朽菌が存在しない状態を維持し続けるのは困難である。

## 18.1.2　腐朽防止の考え方

　木材腐朽菌によって生じる腐朽を防止するには上述した5つの条件の内のいずれかを満たさないようにすれば良い。しかし日常生活を送る上において腐朽菌が耐えられない温度範囲に木材を置くことは現実的でないため、通常は④の温度を除いた4つの方法のいくつかを組み合わせて腐朽防止を図る。また、より安全を期すために以下に示す⑤、⑥の方法をとることも多い。

### ①腐朽菌の侵入抑制

　菌糸の侵入は接地を避け周囲にある腐朽材を除去することにより防止できる。一方付着した胞子から伸びた菌糸が木材内へと侵入するのは、木材表面をフィルムなどで完全に覆うことにより防止可能である。また、この方法は②に示す含水率コントロールにも寄与する。ただし、施工時に金物等でフィルムを損傷してしまった場合や、経年劣化によりフィルムにわずかでもひびが入った場合などにはこの方法は効力を失うため、注意深い施工や定期的な点検、維持管理が必要となる。

### ②適正な木材含水率

　木材の含水率を繊維飽和点以下にすれば腐朽は防止できる。しかし、木材表面や木材に隣接したアルミニウムやコンクリートなどで結露が発生した場合や、18.1.1で示したように菌糸が周辺の土壌や腐朽材から水を運ぶことなどによっても自由水は発生するため、対象となる木材だけでなく木材周辺の温湿度環境

等にも留意することが肝要である。一方、高含水率材では次に説明する酸素の遮断によって腐朽の進行が抑えられる。

### ③酸素の遮断

酸素の流入がない環境で腐朽は進行しない。この条件は木材を水中や地中の低酸素環境下に置くことで達成できる。

### ④貧栄養下におく

木材腐朽菌が代謝しやすい可溶性の糖やアミノ酸などを相対的に多く含む辺材の使用を避けるとともに、地面や腐朽材との接触を避け窒素やミネラルが木材外から持ち込まれるのを防ぐ。また、木材内部を220℃以上の高温にさらすことで木材腐朽菌に攻撃されやすいヘミセルロースなどを分解・変質させ腐朽を抑える方法(熱処理)や、木材細胞壁内にフェノール樹脂を含浸・硬化させることにより木材細胞壁を木材分解酵素などによる攻撃から守ることで腐朽を防止する処理(樹脂処理)が実用化されている。

### ⑤高耐久樹種の使用

木材抽出成分の中には木材腐朽菌の菌糸の成長やシロアリの摂食などの活動を阻害するものがある(澁谷 2008)。この様な抽出成分を蓄積する樹種のうち特に抗菌性・抗蟻性に優れた成分を多く含み、高い耐久性を示す樹種を高耐久樹種と呼ぶ。ただし、高耐久樹種であっても抗菌性成分等をほとんど含まない辺材の耐久性は低いことや、天然材料である木材では抗菌性成分等の含有量は個体間、さらには同一個体であっても心材の内側と外側及びその中間によって異なること、抽出成分の多くは揮発性や水溶性が高く、長期にわたる暴露期間中に揮発や溶脱により木材から失われてしまうことなどから、その耐久性は保存処理された木材よりも低い。

### ⑥保存処理

辺材を含む木材を使う場合や耐久性が標準以下の樹種を使う場合、さらには

表18-2 耐久性が比較的高い樹種、特に高い樹種の例

| 耐久性 | 樹種名 |
|---|---|
| 特に高い樹種 | ヒノキ、ヒバ、ベイヒ、ベイスギ、ケヤキ、クリ、ベイヒバ、タイワンヒノキ |
| 比較的高い樹種 | スギ、カラマツ、ベイマツ、ダフリカカラマツ、サイプレスパイン、クヌギ、ミズナラ |

高耐久樹種を選択した上でより高い耐久性を求める場合などには、防腐・防蟻
性能及び安全性が確認された木材保存剤を使い木材に耐久性を付与するのが一
般的で、これを保存処理と呼ぶ。処理の詳細については18.5で説明する。なお、
広義には④で説明した熱処理や樹脂処理も保存処理として取り扱う。

### 18.1.3　保存処理とその効力

　保存処理は、建築等に使用する木材に著しい被害を引き起こすおそれのある
木材腐朽菌と18.3で説明するシロアリから木材を守るために、木材腐朽菌か
ら木材を守る防腐処理とシロアリから木材を守る防蟻処理とを同時に行う処理
のことである。そのため、この処理に使用する木材保存剤には適切な防腐性能
及び防蟻性能が必要となる。そこで木材保存剤が適切な防腐性能及び防蟻性
能を有するか否かを判断するためにJIS K 1571：2010「木材保存剤 —— 性能基
準及びその試験方法」を定め、防腐性能、防蟻性能を評価するための室内試験、
野外試験などの試験方法及びその性能基準を設けている（**表18-3**）（日本規格協
会 2010）。また、この性能基準を満足した木材保存剤のうち安全性審査や使
用方法に関する審査を通過した木材保存剤が、認定薬剤あるいはJIS K 1570：
2013の「木材保存剤」（**表18-5**）として、18.5「保存処理法」の項で説明する表面
処理用あるいは加圧注入処理用木材保存剤として使用されている。

　なお、**表18-3**に示すように、加圧注入処理用の木材保存剤の品質として
野外杭試験で無処理スギ辺材杭の3倍以上の耐用年数が求められていること
や、ヒノキ等高耐久性樹種の心材の耐久性はスギ辺材の耐久性の1.5倍程度で
あることから（Momohara 2021 a）、加圧注入によって処理された部分の耐久性

表18-3　JIS K1571：2010に記載されている各種試験（抜粋）

| 項目 | | 性能基準 |
|---|---|---|
| 防腐性能 | 室内試験 | 所定の木材腐朽菌に12週間暴露した際の質量減少率が3%以下 |
| | 野外試験 | 野外に設置した杭が所定のレベルまで腐るのに要する時間が無処理杭の3倍以上 |
| 防蟻性能 | 室内試験 | イエシロアリに21日間暴露した際の質量減少率が3%以下 |
| | 野外試験 | シロアリの食害の程度を表す指数とその発生割合の積が所定値以下 |
| 抗鉄腐食性能 | | サビの発生が無処理の2倍以下 |

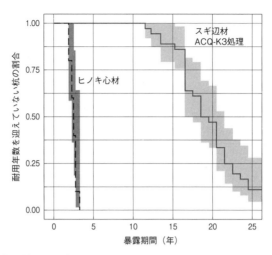

**図 18-1** 野外杭試験結果の例(Momohara 2021a, 2021bから奈良県のデータを使用して作図)

は、最低でもヒノキ等心材の2倍以上あると考えられ、木材保存剤の種類と量によってはその差をさらに広げることも可能である(Momohara 2021b)(**図18-1**)。加圧注入処理された木材の品質に関しては製材の日本農林規格(JAS 1083)などで規定されており、その詳細については18.5で説明する。

## 18.2 木材腐朽菌が生産するセルロース、ヘミセルロースおよびリグニンの分解酵素

　木材の細胞壁は、多糖であるセルロース、ヘミセルロースおよび芳香族化合物の重合体であるリグニンによって構成されている。これらの成分は、細胞壁中で互いに独立して存在しているわけではなく、強固なマトリックス(複合体)を形成しているため、化学的に非常に安定であり分解もされにくく、木材(木本)を草本植物と分ける特徴であると言える。木材腐朽菌は、これら植物細胞壁構成成分を分解する菌体外酵素を持ち合わせており、そのような酵素を用いることで効率よく植物細胞壁を分解し栄養源としている。本章では、一般的に糖関連酵素(Carbohydrate-Active enZymes, CAZymes)と呼ばれるセルロースおよびヘミセルロースを分解する酵素群と、CAZymesの修飾活性(Auxiliary

Activity, AA)酵素に分類されているリグニン分解に関わる酵素に関してその概略を説明する。

## 18.2.1 木材の多糖(セルロース・ヘミセルロース)を分解する酵素群

木材細胞壁に含まれる三大成分の中で最も多いセルロースは、澱粉と同様にグルコースが数千から数万分子つながってできた物質である。図18-2に示すように、セルロースはグルコースがβ-1,4結合することによって剛直な繊維状分子となり、木材細胞壁中では数十本程度のセルロース分子が水分子を追い出しながら結晶化し、束になってミクロフィブリル(微細繊維)を形成している。さらに、セルロースミクロフィブリルの周りをヘミセルロースが衣のように覆うことで繊維部分を形成する。セルロースが疎水的に繊維を構築するのに対して、ヘミセルロース分子は水との親和性も高いため、セルロースと比較して一般的に酸やアルカリによる分解性も高いことが知られている。

セルロースは、グルコースのみからなる単純な化学構造を有するが、分子の並び方によって異なる構造を与えるという特徴を有する(Hon 1994)。木材中に存在するセルロースにおいて最も極端な違いを与えるのがセルロースIとも呼ばれる結晶領域と非晶(アモルファス)領域の差である。植物細胞壁中のセルロースは結晶化度が約70%程度であると考えられているので、木材中のセルロー

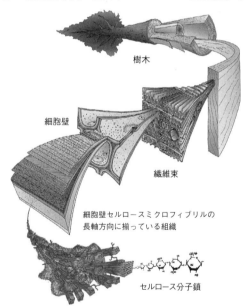

樹木

細胞壁

繊維束

細胞壁セルロースミクロフィブリルの長軸方向に揃っている組織

セルロース分子鎖

セルロースナノファイバー

**図18-2** セルロースの構造と木質細胞壁におけるセルロースの階層構造(Mitov 2017より)(the original artwork by Mark Harrington, Copyright University of Canterbury, 1996)

ス含有率(30〜40％)を考えると、木材の1／3〜1／4が結晶性セルロースである。一方で、セルロースがヘミセルロースなどの他の多糖の存在、もしくは何らかの要因によって結晶性セルロースとしてパッキングできなかったものを非晶性セルロースと呼ぶ。非晶性セルロースの場合は、比較的分子が分散しやすい状態にある、言い換えると水分子が入り込みやすい状態にあるため、結晶性セルロースと比較して酵素による分解性は高い。多くの微生物が、非晶性のセルロースを分解できるのに対して、結晶性セルロースまで分解できる生物種が限られる理由は、このような分解性の違いによるところが大きい。結晶性セルロースを分解する酵素と非晶性セルロースを分解する酵素は、このような基質の性質に適応した形を持つことが知られている。**図18-3**Aに示すように、結晶性セルロースを壊す酵素の活性ドメイン(Catalytic Domain, CD)はほぼ全てが「トンネル型」の構造をしてセルロース鎖をなるべく離さないような構造をしているのに対して、非晶性セルロースを加水分解する酵素の活性ドメインは、**図18-3**Bのように「溝(みぞ)型」で、一本鎖に分散されたセルロースを取り込みやすい形状をしている。

　セルロース自体は、構成単糖であるグルコースが重合したポリマーであるが、結晶性セルロースはそのセルロース分子鎖が水を追い出しながらパッキングすることで水に不溶性となる。そのような強固な構造である結晶性セルロースを分解するためには**図18-3**Cに示すように1) 不溶性基質への酵素の吸着、2) 基質の加水分解、3) 加水分解の連続性の3つのプロセスが必要となる。結晶性セルロースだけでなく多糖を分解する酵素の多くが、糖質結合モジュール(Carbohydrat-Binding Module, CBM)と呼ばれる比較的分子サイズが小さい基質に結合をするタンパク質の領域を持つ。不溶性の多糖を分解できるほぼ全ての酵素がこのような基質結合できる領域を持っており、この領域を取り除くと特に不溶性多糖の分解性が極端に低下することからも、基質に結合するという現象が木材細胞壁の多糖を分解するために重要なプロセスであると言える。基質に結合した酵素は、次のステップで多糖の分解反応を行うのだが、その際に長い鎖状の基質をランダムに切断する(エンド型)のか、端から順に切り落とす(エキソ型)のかで大きく分けることができる。セルロースの分解では、非晶性セルロースがエンド型酵素で分解され、結晶性セルロースはエキソ型酵素で分解

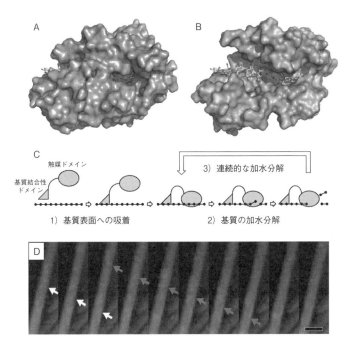

図 18-3　セルロース分解性のカビである *Trichoderma* 菌が生産するエキソ型（A，セロビオヒドロラーゼI）（Divne *et al.* 1998）およびエンド型（B，エンドグルカナーゼI）（Kleywegt *et al.* 1997）セルラーゼの活性ドメイン。（C）セルラーゼの反応機構模式図。（D）高速原子間力顕微鏡によるセルラーゼ分子の観察。

2秒／フレームで観察。図は10フレーム（20秒）おきの観察結果。棒は50nmを、白矢印および赤矢印はそれぞれ異なるセルラーゼ分子の動きを表している。

される場合が多い。特に結晶性セルロースの分解に関しては、3）の加水分解の連続性（プロセッシブ性）と深く関わっている。上述のように結晶性セルロースは分子鎖が強固にパッキングをして水分子を排除しているので、セルロース分子の途中から加水分解を行うことはかなり難しい。そこでエキソ型のセルラーゼでは一度掴んだ基質をなるべく離さずに連続的に加水分解を行うことで、結晶性セルロースから分子を引き剥がすプロセスと、糖を切り出すというプロセスを連続的に行うのである。植物細胞壁由来の多糖分解に関しては、未だに様々な議論が行われている状態であるが、結晶性セルロースの分解メカニズムは、最近の我々の研究によって詳細が分かりつつある（図18-3D）（Igarashi *et al.* 2009; Igarashi *et al.* 2011）。

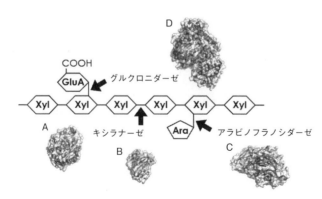

**図18-4**　ヘミセルロースの一種であるアラビノグルクロノキシランの構造と分解する酵素の3次元
　　　　構造
Xyl：キシロース、Ara：アラビノース、GluA：グルクロン酸。A：糖質加水分解酵素(GH)ファミリー
10に属するキシラナーゼ、B：GHファミリー11キシラナーゼ、C：GHファミリー67グルクロニ
ダーゼ、D：GHファミリー43アラビノフラノシダーゼ

　セルロースが単純なグルコースのポリマーであるのに対して、ヘミセルロー
スは様々な種類の単糖からなる複合多糖であるため、分解するためにはヘミセ
ルロースの構造多様性に適応した様々な酵素を使用しなければならない。**図
18-4**には、針葉樹の代表的なヘミセルロースであるアラビノグルクロノキシ
ランを例に、その多様な構造を分解するための酵素を示したものである。キシ
ランはβ-1,4結合したキシロースを主鎖として、そこにグルクロン酸やアラビ
ノース等の糖が側鎖として結合している。このような側鎖は、酵素による主鎖
の分解を妨げる性質があることから、このような複雑な構造をもつ基質を分解
するためには、木材腐朽菌は主鎖と側鎖それぞれを分解する酵素を使う必要
がある。グルクロノキシランの場合は、糖質加水分解酵素(Glycoside hydrolase,
GH)としては、主鎖を分解するキシラナーゼ(**図18-4**A、B)と、側鎖を切り離
すグルクロニダーゼおよびアラビノフラノシダーゼ(**図18-3**C、D)が用いられ
る。木材腐朽菌の多くが、多様なヘミセルロースを分解するために多様な酵素
を有することが昨今の全ゲノム配列情報から明らかとなっているが、多くの場
合側鎖を切り落とすためにはエキソ型酵素が用いられ、主鎖をエンド型酵素で
分解する傾向が見られる。すなわち、進化の過程で木材腐朽菌は、セルロース
の難分解性とヘミセルロースの多様性を克服するために様々な酵素を獲得し、

木材に含まれる糖を栄養源として育つことが可能となったわけである。

## 18.2.2　リグニンを分解する酵素

　セルロースとヘミセルロースが木材中で主に繊維として働いているのに対して、リグニンの用途は繊維間を充填することにある。リグニンの基本構成単位であるフェニルプロパンユニットがラジカル重合することで、様々な結合様式を有する無定型のプラスチック様素材を作り出し、セルロースおよびヘミセルロースからできた繊維を覆うことで、木材の細胞壁の分解性を天然において最も低くしている。このように難分解性のリグニンを分解する木材腐朽菌は、植物がリグニンを生合成するために用いる酵素と同じ種類の酵素（群）を生産し、その逆反応を利用して分解を行うことが知られている。すなわち、植物がラジカルを利用して重合したリグニンを、きのこはラジカルを利用して分解するのである。このような酵素として、**図18-5** に示したようにヘム鉄を分子内に有し過酸化水素を利用するペルオキシダーゼ（Hammel and Cullen 2008）と、補欠分子属として銅を用い酸素を基質とするラッカーゼ（Mayer and Staples 2002）という酵素があることが知られており、さらにペルオキシダーゼにはリグニンペルオキシダーゼ、マンガンペルオキシダーゼ、それらのハイブリッドであるバーサタイルペルオキシダーゼという酵素が知られている。これらの酵素はどれもラジカルを生成する反応を触媒し、生成されたラジカルがリグニンを攻撃

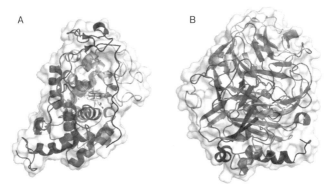

**図18-5**　キノコの一種が生産するリグニンペルオキシダーゼ（A）(Choinowski *et al.* 1999)とラッカーゼ（B）(Piontek *et al.* 2002)
リグニンペルオキシダーゼ分子中には補欠分子属としてヘム鉄が含まれ、ラッカーゼ分子中には4つの銅原子（球）がある。

することでリグニン分子の一部が活性化され、連鎖的にリグニンが分解されていくと考えられている。

## 18.3　虫害と防蟻

### 18.3.1　虫害・蟻害の現状

　木材保存分野において、虫害とは乾材害虫による被害を、蟻害とはシロアリによる被害を指す。虫害・蟻害を引き起こす各種昆虫は、自らの大顎を使って物理的に繊維を切断しつつ木材を食い進めるため、食害開始から比較的短期間で強度低下を引き起こす。虫害・蟻害は木材腐朽と同様、床下や壁内など人の目につきにくい箇所で進行することから、点検による被害の早期検出と維持管理を含めた適切な虫害・蟻害対策が求められる。

　その他、古くは木造船や海中貯木、最近でも桟橋や漁礁など、木材を海水中で使用・保管した際には海虫（Marine borer）による穿孔被害を受ける。

#### (1)　乾材害虫の生態とその被害

　乾材害虫は、生材に産卵し乾燥に耐える、もしくは気乾材に産卵し乾燥に耐えるコウチュウの総称であり、ナガシンクイムシ科Bostrichidae（ヒラタキクイムシ亜科Lyctinaeを含む）とシバンムシ科Anobiidaeの一部が該当する。

　ナガシンクイムシ科ヒラタキクイムシ亜科は、成虫が木材から脱出する際に、虫糞とかじりかすの混ざった粉状のフラスを脱出孔から排出し、その周囲にフラスが円錐状に堆積することからPowder-post beetleと総称される。最重要種ヒラタキクイムシ（*Lyctus brunneus*）は、でんぷんや糖類が多く含まれる（でんぷん含有率3％以上）広葉樹の辺材部や竹材などにメス成虫が選択的に産卵し、針葉樹には産卵しない。日本のような温帯域では、産み付けられた卵は10日程度で孵り、幼虫が材を食い荒らして成長する。材中のセルロースは分解せず、でんぷんや糖類を資化する。幼虫は冬が近づくと材表面へ移動して越冬し、翌春、蛹を経て4～8月頃に成虫となる（完全変態）。産卵対象となる木材の至適含水率は16％程度で、暖房の行き届いた場所では、冬場でも成虫の発生が認められる場合がある。

### (2) シロアリの生態とその被害

　世界中で9科、約3000種が知られるシロアリの食性は、木材食性（Wood-feeder）、養菌性（Fungus-growing）、土壌食性（Soil-feeder）に三大別される。そのうちミゾガシラシロアリ科Rhinotermitidaeとレイビシロアリ科Kalotermitidaeに属する一部のシロアリ種が木材・木造住宅に被害を与える害虫種である。多彩な食性を示すシロアリ科のみが高等シロアリ（Higher termite）とされ、他科はすべて下等シロアリ（Lower termite）に分類される。下等シロアリは腸内に共生原生生物を有するが、高等シロアリは腸内に原生生物を有しておらず、バクテリアや菌類と共生関係を築いている。

　シロアリは生殖階級である女王・王を中心として、採餌活動や営巣、蟻道構築、生殖階級や若齢幼虫への餌やりなどの世話を行う職蟻、外敵から巣を守る兵蟻といった、高度に役割分担がなされた個体で巣（社会）を構築する社会性昆虫であり、不完全変態により成長する。

　また、シロアリはセルロース分解能を有する昆虫としても知られる。例えばミゾガシラシロアリ科のヤマトシロアリ（*Reticulitermes speratus*）では、シロアリ自身がその唾液中にエンド型セルラーゼとセロビアーゼ、腸内に共生する原生生物がエクソ型セルラーゼを有し、シロアリは大顎でかじり取って摩砕した木材小片に自身のセルラーゼを作用させ、その後、原生生物が木片を体内に取り込んで分解を進めるといった、両者の共生関係に基づく効率的なセルロース分解を行っている。

　日本には2021年末現在、離島を含め24種類のシロアリが定着しており、そのうち主要加害種はミゾガシラシロアリ科のイエシロアリ（*Coptotermes formosanus*）とヤマトシロアリ、レイビシロアリ科のアメリカカンザイシロアリ（*Incisitermes minor*）、ダイコクシロアリ（*Cryptotermes domesticus*）である。ミゾガシラシロアリ科のシロアリは地下シロアリ（Subterranean termite）とも称され（図18-6）、地際～地中の木材等に営巣し、地中部に蟻道と呼ばれるトンネルを作ってその内部を往来し、地下から建物等にはこの蟻道を立ち上げて侵入する。イエシロアリは千葉以西の太平洋岸から瀬戸内～九州～南西諸島に分布し、成熟した巣の構成個体数は100万のオーダーに達する。塊状の巣を拠点とした採餌範囲は、障壁となるものがなければ半径100mにも及ぶ。イエシロアリは

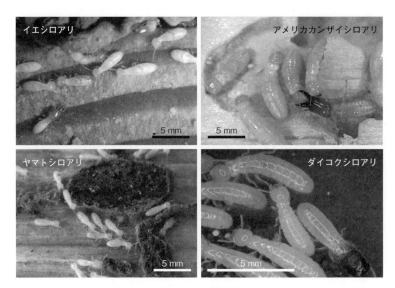

図18-6 主要加害種

中国南部を含むアジア原産とされているが、現在は太平洋諸島〜アフリカ〜北米にも侵入・定着し、木材・木造住宅に激甚な被害を及ぼしており、世界的な侵略的外来種とみなされている。ヤマトシロアリは北海道北部の名寄市を北限とし、北海道東部および高地を除く日本全国に生息している。特段加工した巣は作らず、営巣場所が巣を兼ねており、巣の構成個体数は大規模なコロニーでも数万程度である。

　レイビシロアリ科のシロアリは乾材シロアリ(Drywood termite)とも称される。アメリカカンザイシロアリは気乾状態の木材内部に営巣し、液状の水分の供給がない状態で、木材の中だけで生存が可能である。製材品や家具等に付随して海外から日本国内に侵入し、国内でも他地域に容易に移入する。アメリカカンザイシロアリは、直腸で水分の再吸収を徹底して行うため、虫糞は乾燥した砂粒状を呈する。営巣箇所の材表面に小孔をあけて糞を材外へ排出する習性がある(図18-7)。

### (3) 海虫の生態とその被害

　海虫といっても昆虫ではなく、フナクイムシやニオガイは二枚貝の一種で軟体動物、キクイムシやコツブムシはワラジムシ目の甲殻類である。なお、樹勢

図 18-7　アメリカカンザイシロアリ被害材と虫糞

の衰えた樹木や生丸太に穿孔被害を及ぼすキクイムシはコウチュウ目の昆虫である。

　フナクイムシやニオガイは木材を住処として利用し、木材に穿孔して貝殻部分を木材中に残したまま、軟体部分を材外に伸長させ海水中のプランクトンなどを主な栄養源として生活している。ともに共生細菌の働きによりセルロース分解能を有し、木材を栄養源としても利用している。木材に穿孔する際、孔壁に炭酸カルシウムを蓄積して孔道を補強することが知られている。

　一方、キクイムシもフナクイムシ同様、共生細菌の働きによりセルロース分解能を有し、木材を栄養源として利用している。同じ甲殻類でもコブブムシはキクイムシと比較すると大型で、セルロース分解能は認められていない。海水中のプランクトンなどを主な栄養源として生活している。キクイムシやフナクイムシの被害は木材表面に多数の小孔を生じるのが特徴である。

## 18.3.2　各種虫害・蟻害対策

　現在に至るまで、虫害・蟻害対策として様々な薬剤が使用されてきたが、有機塩素系や多くの有機リン系などの合成薬剤やヒ素など、ヒトを含めた環境への負荷を考慮して使用禁止等となった薬剤も多く存在する。現在、防虫・防蟻

表18-4　防虫・防蟻成分の作用機構分類(IRAC作用機構分類)(農薬工業会(2017)より作成)

| 主要グループと1次作用部位 | サブグループ | 有効成分(一般名) |
|---|---|---|
| アセチルコリンエステラーゼ(AChE)阻害剤〈神経作用〉 | カーバメイト系 | フェノブカルブ(バッサ) |
| | 有機リン系 | フェニトロチオン |
| GABA作動性塩化物イオン(塩素イオン)チャネルブロッカー〈神経作用〉 | フェニルピラゾール系 | フィプロニル、ピリプロール |
| ナトリウムチャネルモジュレーター〈神経作用〉 | ピレスロイド系 | ペルメトリン、ビフェントリン、シフェノトリン、プラレトリン、ピレトリン |
| | 非エステルピレスロイド系 | エトフェンプロックス、シラフルオフェン |
| ニコチン性アセチルコリン受容体(nAChR)競合的モジュレーター〈神経作用〉 | ネオニコチノイド系 | イミダクロプリド、クロチアニジン、ジノテフラン、チアメトキサム、アセタミプリド |
| | ブテノライド系 | フルピラジフロン |
| プロトン勾配を撹乱する酸化的リン酸化脱共役剤〈エネルギー代謝〉 | フェニルピロール系 | クロルフェナピル |
| キチン生合成阻害剤〈生育調節〉 | ベンゾイル尿素系 | ビストリフルロン、クロルフルアズロン、ジフルベンズロン、ヘキサフルムロン |
| 電位依存性ナトリウムチャネルブロッカー〈神経作用〉 | セミカルバゾン系 | メタフルミゾン |
| リアノジン受容体モジュレーター〈神経および筋肉作用〉 | アントラニックジアミド系 | クロラントラニリプロール |
| GABA作動性塩化物イオン(塩素イオン)(Cl-)チャンネルアロステリックモジュレーター〈神経作用〉 | メタジアミド系 | ブロフラニリド |

対策に使用される薬剤の原体は作用機構が明らかとなっている(**表18-4**、IRAC作用機構分類より)。今後は防除対象とする害虫への選択性が高い薬剤の使用、高度な被害検出技術やケミカルフリーな害虫管理法の開発など、総合的害虫管理(IPM)の理念に則りより環境負荷の少ない防虫・防蟻対策を追求すべきである。

## (1)　虫害・蟻害の検出

　虫害・蟻害の検出は目視によるところが大きい。ヒラタキクイムシ類や乾材シロアリの被害は、材表面から排出されたフラスや虫糞の堆積がめやすとなる。地下シロアリでは、床下等にもぐって部材表面の土(蟻土)や蟻道の存在を確認するとともに、蟻土や蟻道を壊してシロアリの有無を確認することで、現在進行中の被害か否かを判断する。被害が進んだ箇所では、ドライバーの柄等で叩

くと空洞音がするので、このような触診も被害を判断する一助となる。

　ヒトによる目視・触診に加えて、機械による被害検出も行われている。例として、シロアリが木材をかじる際に生じる微小な破壊に伴う弾性波（AE波）を検出するAE検出器（Acoustic Emission Detector）や、シロアリ等の被害が疑われる箇所に電磁波を送信して、送信した電磁波の入射波と、材内で動くシロアリなど対象物に当たり跳ね返ってくる反射波との間に生じる位相のズレを機械的に処理して、現在進行中のシロアリ被害を検出しようとする機械などが知られる。

### （2）　虫害対策

　防虫すなわち成虫による産卵の阻止と、幼虫の生育阻害を目的として木材・木質材料への様々な薬剤による処理が行われる。日本農林規格の製材1083では保存処理区分K1、薬剤はほう素系化合物が認められている。また、合板および単板積層材0701では生単板にほう素化合物を散布または吹き付けし拡散浸透させ、乾燥後に製品化する単板処理のほか、薬剤を接着剤に混合して単板を張り合わせて製品化する接着剤混入処理が認められており、薬剤はフェニトロチオン、ビフェントリン、シフェノトリンが使用される。被害の兆候が認められた場合は発生源の特定を行い、被害箇所を除去処分することが望ましい。

### （3）　蟻害対策

　建築物の蟻害対策は、イエシロアリとヤマトシロアリをターゲットとした対策が主であり、その方法は建築部材自体の保護と、建築物への侵入阻止に二大別される。建築部材自体を蟻害から守るためには、適切な薬剤処理が必要であり、防腐・防蟻性能を併せ持つ木材保存剤を注入処理した木材・木質材料の土台等への利用のほか、建築現場での処理として表面処理による保護が行われる。また、シロアリは自身の栄養にならない電線ケーブルや断熱材などを加害する場合がある。省エネ対策として、住宅においても断熱材が多用されるようになっており、シロアリ被害防止のため断熱材に防蟻効果を有する薬剤を添加した製品なども使用されている。

　一方、建築物への地下シロアリの侵入防止と駆除を目的として、床下土壌への薬剤処理（土壌処理）がなされる。2000年制定の住宅の品質確保の促進等に関する法律施行令においては、べた基礎は土壌処理と同等の「有効な防蟻措置」

とされており、最近の新築住宅のほとんどがべた基礎のため、土壌処理を行わない場合も多い。その一方で、巣をはじめシロアリの発生源が特定できない場合などには、維持管理型シロアリ防除法（ベイト工法）が適用される。ベイト工法の基本形は次のとおりである。建築物の周囲でシロアリの活動が活発な箇所をモニタリングし、活動が活発な箇所にキチン合成阻害剤等の遅効性薬剤を含んだ餌を置いて、採餌に来た職蟻に餌とともに薬剤を持ち帰らせる。巣において職蟻が若齢幼虫など巣仲間へ餌やりを行う際に、薬剤も与えることで、巣全体に薬剤を蔓延させて巣ごとシロアリを撲滅するというものである。シロアリ防除を目的としたベイト工法は1980年代にその原型が開発され、駆除効果の高い餌や薬剤の選定などを繰り返し、進化し続けている工法である。

**(4)　海虫対策**

用途に応じて、耐海虫性の高い樹種やWPC等、もしくは18章第5項に示す製材の日本農林規格（JAS 1083）の保存処理性能区分K5に相当する処理を行った木材から選択して利用する。

## 18.4　耐候性と保護塗装

木材を屋外に暴露すると、太陽光や風雨など気象因子の作用を受けて、表面の成分や組織構造が化学的、物理的に変化し、変色や浸食などの劣化を起こす（Evans *et al.* 2005; Williams 2010; 木口 2018）。このような気象因子の作用で生じる劣化を気象劣化といい、気象因子の作用に抵抗して劣化しにくい性質を耐候性という。木材の耐候性を高めるためには、気象劣化のメカニズムに関する理解を深め、効果的な保護を行うことが重要である（片岡 2017, 2018）。ここでは、木材が気象劣化するプロセス、劣化を引き起こす気象因子の作用メカニズム、及び保護塗装による木材の耐候性向上について説明する。

### 18.4.1　気象劣化のプロセス

木材の気象劣化は、光変色期、明・淡色化期、灰色化期、凹凸化期の4段階のプロセスで進行する（**図18-8**）。以下に、各段階において木材にどのような変化が起こるのかを説明する。

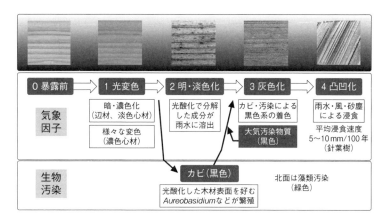

**図18-8** 木材の気象劣化のプロセス(片岡 2017)

## (1) 光変色期

木材を屋外暴露すると、早ければ数日のうちに表面の変色が顕在化する。これは後述のように、太陽光の作用で木材成分に光酸化反応が生じるためである。多くの樹種の辺材や淡色の心材は表面の明るさが減少し、黄みと赤みが増加する傾向があるが(暗・濃色化)、濃色の心材では逆に黄みと赤みが減少する例もあるなど樹種によって様々な傾向が見られる。

## (2) 明・淡色化期

光酸化反応が進行すると、変色の原因であった成分も低分子化し、雨水に溶出するようになる。これに伴い、各樹種の辺材と心材は明るさが増加し、黄みと赤みが減少する(明・淡色化)。日当たりと雨掛りが多い環境では数か月でこの段階に至るが、雨掛りがない軒裏などでは光変色期に留まることがある。

## (3) 灰色化期

明・淡色化の進行と並行して、光酸化反応の分解物を栄養源にするカビの発生や大気汚染物質の付着による黒色系の着色が加わるため、木材の表面は次第に灰色化する。日当たりと雨掛りが多い環境では数か月から半年程度で表面全体が灰色化する。またこの時期には光酸化反応の影響で強度が低下した木材の表面に微小な割れが発生しやすくなる。

## (4) 凹凸化期

灰色化期に至り、表面強度が低下した木材は雨水、風、砂塵の作用によって

徐々に浸食される。密度が低い早材部が晩材部よりも先に浸食されるため、次第に凹凸に富む表面になる。浸食速度については、針葉樹材が100年間で5〜10mm程度、広葉樹材が2〜5mm程度の厚さを失うことが報告されている（Sell *et al.* 1986）。

### 18.4.2　気象因子の作用メカニズム

前項では木材の気象劣化のプロセスでどのような変化が起こるのかを説明した。本項ではそれらの変化をもたらす気象因子の作用メカニズムを説明する。

#### (1)　太陽光

木材の主成分の一つであるリグニンは、太陽光（波長300〜4000 nm）のうち主に紫外線（300〜380 nm）を吸収し、光酸化反応により低分子化する。その過程でキノン構造などが形成されるため、前述のように淡色材が暗・濃色化する原因となる。一方、濃色材の変色に多様性があるのは、抽出成分にも光酸化反応が起こるためである。なお、紫外線に加えて、可視光線の紫色光（380〜420 nm）も木材成分の化学構造を変化させることが知られている。

光酸化反応による化学構造の変化は、木材の表面から深さ200 μm程度まで顕著である。またその2〜3倍の深さまで弱い変化が見られる。前者は紫外線、後者は紫色光によるものであるが、木材の表層へのこれらの光浸透がベール・ランベルト則に基づくことから、光酸化反応が生じる深さは木材密度と反比例の関係にある（**図18-9**）。

#### (2)　水分

リグニンの光酸化反応が進むと、分解生成物には有機酸、バニリン、シリンガアルデヒドなど水溶性の物質が多く含まれ、雨水に溶出するようになる。リグニンを失った木材の細胞壁は雨水や風、砂塵の作用で表面から少しずつ脱落するため、紫外線は以前より奥深くまで浸透する。この繰り返しで木材

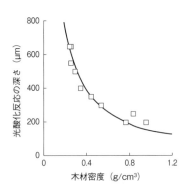

**図18-9**　木材密度と光酸化反応が起こる深さとの関係（屋外約1年分の光照射を受けたスギの早材〜晩材を分析したKataoka *et al.* (2005)を改変)

の表面が浸食される。なお、前述の理由から、浸食速度も木材密度と反比例の関係にある。早材が晩材よりも先に浸食され、凹凸化するのはそのためである。

**(3)　温度**

　温度の上昇は木材成分の光酸化反応の速度を増加させる効果がある。また、温度の変化により木材中に浸透した水分が凍結、解凍して微少な割れの原因となるほか、塗装された木材においては、温度変化が塗膜の物性に影響を及ぼすことがある。

**(4)　地域、方位、角度**

　屋外暴露されたスギ単板の質量減少率と日射量、降水量、気温のデータから日本各地の気象劣化指数が推定されている(木口 2018)。九州と四国南部の指数が最大で、北海道の約1.5倍に達するなど地域差が大きい。方位については、建築物の南面における劣化が最大で、東面と西面がそれに次ぐ。カビの発生も同様である。北面では藻類が発生しやすい。角度については、90度(垂直)、45度、0度(水平)のうち90度の劣化が最も軽微で、その浸食速度は45度や0度の場合の1/2程度である。

## 18.4.3　保護塗装

　木材の気象劣化を抑制するためには、軒や庇、けらばなど建築物の構造によって日当たりや雨掛りを減らし、木材の表面を塗装によって保護することが効果的である。

**(1)　木材の外部用塗装の種類**

　木材の外部用塗装は、日本建築学会の建築工事標準仕様書JASS 18(塗装工事)により、着色仕上げと半透明仕上げに区分される(日本建築学会 2013)。前者は不透明な塗膜を形成して木材を太陽光と雨水から保護できること、後者は木目が透けて素材の美観を活かせることが特徴である。

　半透明仕上げの代表格である木材保護塗料は、防カビ等の成分が配合されていることが特徴で、木材に浸透して塗膜形成が目立たない含浸形と半透明の塗膜を形成する造膜形に細分される(**図18-10**)。造膜形は塗膜によって木材を物理的に保護できること、含浸形は塗り替えが比較的容易なことが特徴である。

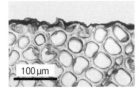 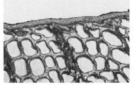 

100 μm

含浸形　　　　　　　　造膜形(薄膜)　　　　　　造膜形(厚膜)

**図 18-10　木材保護塗料で塗装された木材の断面**

### (2)　塗装とメンテナンス

　塗装に当たっては、JASS 18 に基づき木材含水率(18 % 以下)、素地調整(汚れ除去、ヤニ止め等)、塗装工程、塗布量を適切に管理する。塗装後は欠陥の発生状況を定期的に点検する。塗り替えに当たっては、劣化状況に応じて既存塗料の除去、漂白処理、下地研磨などを行ってから再塗装する。

　耐用年数は気象環境、部材の角度・方位によっても異なるが、不透明仕上げの造膜形は5〜7年、半透明仕上げの造膜形は3〜5年、半透明仕上げの含浸形は1〜3年目までに最初の塗り替えを行うことが多いとされている。なお、含浸形は微小な割れへの塗料浸透が増えるため、2回目以降の塗り替え周期が初回塗装時と比較して2倍程度に伸びることがある。

　一般に、半透明仕上げは透明性が高いほど、木材の表面と塗装との界面付近で光酸化反応が生じやすく、塗装欠陥につながる傾向がある。その一方で、木目をクリアに見せたいというニーズも強い。このため、樹脂をはじめ紫外線吸収剤、光安定化剤、顔料など塗料成分の改良が進められている。

### (3)　耐候性能の評価

　塗装木材の耐候性能評価に当たっては、屋外暴露試験または促進耐候性試験を実施し、色差、撥水度、表面欠陥、光沢、塗膜付着性などを評価する。促進耐候性試験については、塗装木材を対象とした場合、キセノンランプ法の試験2500時間がつくば市における南向き傾斜45度の屋外暴露試験2年間(南向き垂直暴露なら4年間)に相当する(石川ら 2014)。但し、カビや藻類が発生しないため屋外での変色が一部再現できない点に注意を要する。なお、試験・評価方法の詳細については専門書(片岡 2018など)を参照されたい。

## 18.5　保存処理法

　担子菌による腐朽やシロアリによる食害が進行すると木材の強度性能は著しく低下し、それを用いた建築物や構造物の安全性が損なわれる。これらの生物劣化を防除するための防腐・防蟻処理は保存処理とも呼ばれ、使用される防腐・防蟻剤は木材保存剤と呼ばれる。保存処理には気象劣化やカビなど主に材料の美観を損なう生物劣化を防ぐための処理も含まれるが、ここでは、防腐・防蟻処理を目的とした保存処理について解説する。

### 18.5.1　木材保存剤の浸透

　防腐・防蟻を目的として用いられる木材保存剤は、防腐効果や防蟻効果を持つ化合物(有効成分)を水などに溶かした溶液(薬液)であり、保存処理は木材の表面から内部に向けて薬液を浸透させることに他ならない。薬液を含む液体の木材への浸透は、毛管圧や木材内外の圧力差による細胞内腔での流動(流動浸透)、溶液の濃度差による溶質の拡散(拡散浸透)によって進行する。拡散浸透は結合水を介した細胞壁内への溶質の浸透も可能とするが、木材への液体の浸透では流動浸透が支配的であり、以下に示す木材中の流動経路の特徴のほか、液体の粘度などの性質も浸透に影響を及ぼす(高部 2012; 沢辺 1984; 沢辺 1994; 矢田 2021)。

　針葉樹では仮道管、広葉樹では道管が主な流動経路であることから、いずれの場合も液体は繊維方向へ(木口面から)浸透しやすい。液体は繊維と直交方向には浸透しにくいが、そのなかでは接線方向(まさ目面から)よりも半径方向(板目面から)の方が浸透しやすい場合が多い。

　針葉樹の仮道管内腔は有縁壁孔(対)を介して隣接する仮道管内腔とつながっている。有縁壁孔では円盤状のトールスとそれを周りから支える網目状のマルゴからなる壁孔膜が仕切弁の役割を果たしている。液体はマルゴの網目のすき間(小孔)を通って隣接仮道管に流動できるが、トールスの移動による壁孔閉鎖が生じると液体の流動は極めて困難になる。したがって、壁孔閉鎖や壁孔膜へ心材成分の堆積が進んでいる心材の浸透性は辺材よりも悪い。広葉樹の道管は

管状の細胞（管状要素）が軸方向に長く接合した組織である。接合面の細胞壁は穿孔板と呼ばれ、全体的もしくは部分的に失われた穿孔を有する。液体の流動には穿孔の大きさや数も影響するが、チロースによる道管閉鎖の影響が大きい。チロースによる道管閉塞は心材化により進行するので、広葉樹の場合も心材の浸透性は辺材よりも悪い。針葉樹と広葉樹いずれの浸透性も樹種によって異なることが知られているが、それらは心材の浸透性に基づくものである。木材への液体の浸透性については不明な点も残されており、現在も研究が進められている。

### 18.5.2　浸透性改善のための処理

　繊維飽和点以上の含水率では、細胞内腔に自由水が存在し、その程度によっては薬液の浸透の妨げとなる。したがって、浸透性改善のための第一の処理は乾燥である。この場合の乾燥は薬液の浸透の妨げにならない程度あればよく、目標とする含水率は平均的な繊維飽和点である約 30 ％以下であることが望ましいとされている。

　薬液の均一な浸透を得るため、あるいは、難浸透性の木材の浸透を改善するための処理として、刃物を取り付けた円筒形のドラム、あるいは、歯車状に加工した円盤を多数取り付けたローラー間に木材を通し、表面に刺傷を施すインサイジングがある。インサイジングは、後述の加圧処理を行う場合の前処理や深浸潤処理に用いられている（茂山 2012）。刺傷（インサイジングで生じた穴）部分に木口面を現すことで、液体の浸透を促すことができるが、刃物の形状や数（密度）によっては強度性能を低下させる可能性がある。製材の日本農林規格では「インサイジングは、欠点とみなさない。ただし、その仕様は、製材の曲げ強さ及び曲げヤング係数の低下が 1 割を超えない範囲内とする。」としている。全国木材検査・研究協会は、この要件を満たすインサイジング装置の認定を行っており、それぞれの装置について樹種や断面寸法に応じた刃物の形状と密度が決められている。

　その他、ドリルやレーザーを用いたインサイジング方法があり、防腐・防蟻処理ではないが、難燃薬剤による処理の前処理として、ドリルインサイジングを適用した耐火集成材が実用化されている（Ando *et al.* 2016）。

### 18.5.3　処理方法と品質

#### (1)　表面処理

　刷毛やローラーを用いた塗布処理、噴霧器や噴射器を用いた吹付処理は、簡易な器具で実施できることから、建築現場での処理や既存構造物のメンテナンスなどに用いられる。十分な効果を得るためには、使用する薬剤ごとに指定された量を付着させる必要があるが、一度の処理で付着させることは難しく、処理むらを防ぐ点からも同一か所について複数回の処理を行うことが望ましい。容器に貯めた薬液に木材を沈めて行う浸漬処理は、短時間では表面処理と変わらないが、浸漬時間を長くすることで浸透量を増やすことができる。以上の処理による薬液の浸透は、木口面からを除き、ごく表面にとどまるため表面処理と呼ばれる（茂山 2018a; 日本木材保存協会 2022）。

#### (2)　温冷浴処理

　浸漬処理の一種である温冷浴処理は、木材を薬液中で加温し材中の空気を膨張させることで排出し、引き続き低温の薬液に浸漬し材中の空気の収縮により負圧を発生させることで薬液の浸透を促す方法である（茂山 2012; 日本木材保存協会 2022）。

#### (3)　拡散処理

　拡散処理は高含水率の木材に対して薬液の塗布や浸漬処理を行い、木材中に含まれる水分と薬液の濃度勾配による拡散現象を利用して薬液を浸透させる方法である。薬液を付着させる方法として加圧注入処理が用いられることもある（茂山 2012; 日本木材保存協会 2022）。

#### (4)　加圧処理

　注薬缶と呼ばれる耐圧容器内で、機械的な加圧により薬液を材内に浸透させる方法である。加圧式保存処理、加圧注入処理などと呼ばれる場合もある。使用する装置や方法等に関する一般的な事項は、JIS A 9002：2012「木質材料の加圧式保存処理方法」（日本規格協会 2012）で規定されており、次のような工程で実施される。注薬缶に材料を投入した後、材中の空気を排除するため前排気（減圧）を行う。次に、注薬缶に薬液を充填し加圧する。次に、注薬缶内の薬液を回収し、材表面の過剰な薬液を回収するため後排気（減圧）を行う。浸透性が高い材料を処理する場合などは前排気を省略することができる。前・後排気を

**表18-5**　日本工業規格(JIS K1570：2013)で規定されている木材保存剤

| 区　分 | 種　類（　）内は種類の記号 | | | 有効成分 |
|---|---|---|---|---|
| 水溶性木材保存剤 | 第四級アンモニウム化合物系 | 1号 | （AAC-1） | ジデシルジメチルアンミニウムクロリド(DDAC) |
| | | 2号 | （AAC-2） | N.N-ジデシル-N-メチル-ポリオキシエチル-アンモニウムプロピオネート(DMPAP) |
| | 銅・第四級アンモニウム化合物系 | 1号 | （ACQ-1） | 銅化合物、N-アルキルベンジルジメチルアンモニウムクロリド |
| | | 2号 | （ACQ-2） | 銅化合物、DDAC |
| | 銅・アゾール化合物系(CUAZ) | | | 銅化合物、シプロコナゾール |
| | ほう素・第四級アンモニウム化合物系(BAAC) | | | ほう素化合物、DDAC |
| | 第四級アンモニウム・非エステルピレスロイド化合物系(SAAC) | | | DMPAP、シラフルオフェン |
| | アゾール・第四級アンモニウム・非エステルピレスロイド化合物系(AZAAC) | | | DMPAP、シプロコナゾール、エトフェンプロックス |
| | アゾール・第四級アンモニウム・ネオニコチノイド化合物系(AZNA) | | | DDAC、テブコナゾール、イミダクロプリド |
| 乳化性木材保存剤 | 脂肪族金属塩系 | 1号 | （NCU-E） | ナフテン酸銅 |
| | | 2号 | （NZN-E） | ナフテン酸亜鉛 |
| | | 3号 | （VZN-E） | 第三級カルボン酸亜鉛、ペルメトリン |
| 油溶性木材保存剤 | ナフテン酸金属塩系 | 1号 | （NZN-O） | ナフテン酸銅 |
| | | 2号 | （NCU-O） | ナフテン酸亜鉛 |
| | アゾール・ネオニコチノイド化合物系(AZN) | | | シプロコナゾール、イミダクロプリド |
| 油性木材保存剤 | クレオソート油(A) | | | コールタール蒸留物 |

行う行程はベゼル法、前排気を省略した工程はローリー法と呼ばれる。注薬缶から取り出した材料を養生し、必要に応じて乾燥を行う(茂山 2012; 日本木材保存協会 2022)。

　加圧処理に用いる木材保存剤はJIS K1570：2013「木材保存剤」で規定されている(日本規格協会 2013、**表18-5**)。これらの木材保存剤は水溶性、乳化性、油溶性及び油性に区分され、含まれる有効成分の違いにより種類分けされている。水を溶剤とする水溶性および乳化性木材保存剤による処理は湿式処理、有機溶媒を溶剤とする油溶性木材保存剤による処理は乾式処理とも呼ばれる(蒋田章 2016)。

　ラミナを積層接着して製造される集成材、単板を積層接着する合板やLVLの場合、製品化後に加圧注入処理を行う製品処理とラミナや単板の段階で加圧

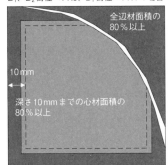

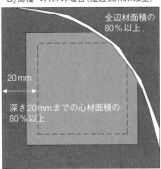

＊心材の耐久性に基づいた樹種区分
D₁樹種：ヒノキ、ヒバ、スギ、カラマツ、ベイヒ、ベイスギ、ベイヒバ、ベイマツ、ダフリカカラマツ、サイプレスパイン、ケヤキ、クリ、クヌギ、ミズナラ、カプール、セランガンバツ、アピトン、ケンパス、ボンゴシ、イペ、ジャラ
D₂樹種：D₁以外の樹種

図18-11　K3とK4の浸潤度基準（日本木材保存協会 2018より作図）

処理を行うラミナ処理や単板処理がある。比較的新しい木質材料であるCLTの加圧注入処理についてもラミナ処理と製品処理が検討されている。ラミナ処理や単板処理では、処理後のラミナや単板に含まれる木材保存剤の成分が接着性能に影響する場合があるので、適切な組合せで実施する必要がある。

　加圧処理された木材・木質材料の品質の基準は、処理材の中央断面で指定される面積のうち薬剤の有効成分が浸透した面積の割合を表す「浸潤度」と、同じく中央断面で指定される個所の有効成分の量を示す「吸収量」で規定されている。例えば製材のJASではK1〜K5の5段階の性能区分があり、吸収量および浸潤度の基準は性能区分ごとに規定されている（農林水産省 2019）。K1は乾材害虫の食害に対応し、K2〜K5は腐朽と蟻害に対応し、数字が大きくなるにつれて要求性能が高くなる。吸収量の基準は木材保存剤ごとに異なっているが、浸潤度の基準は共通である。ただし、浸潤度に関しては、**図18-11**に示すようにK3の浸潤度はすべての樹種で同じであるが、K4は心材の耐久性による樹種区分によって異なるなど、樹種によって基準が異なる場合がある。

　平成29年に行われたJAS改正時に保存処理の規定が設けられた集成材、LVL、合板のJASではK3のみが規定されている。集成材の浸潤度基準は製材の浸潤度基準と同じであるが、単板を原料とするLVLや合板では、辺心材の

区別が容易ではないなどの理由から、材面から深さ10 mmの範囲までの基準のほか、全断面に対する浸潤度基準が規定されている。

　JAS以外の保存処理に関する国内の規格として、(公財)日本住宅・木材技術センターによる優良木質建材等認証制度(AQ認証)がある。AQ認証では1種〜3種の3段階の性能区分が設けられ、JAS同様、浸潤度と吸収量の基準が定められている。AQ認証の3種はJASのK2に、2種はK3に、1種はK4に相当するとされており、浸潤度の基準は概ね相当するJASの基準と同じである。AQ認証では、集成材、合板およびLVLのJASに保存処理の規定が設けられる以前から、これらの材料の保存処理について認定を行っている。また、JIS K1571で規定されていない木材保存剤を用いた加圧処理、深浸潤処理など加圧処理によらない方法で処理された木材・木質材料などの認定も行っている。さらに、現行のJASでは保存処理規定のないCLTについても、AQ認証が設けられ認定が行われている。

**(5)　深浸潤処理**

　深浸潤処理は、専用に開発された形状の刃物を用いてインサイジングを行った材料に、油溶性の薬液を吹付ける処理方法である(茂山 2018b; 宮内 2019)。材料表面やインサイジングで生じた穴に保持された薬液が、インサイジングによる浸透性の向上効果を受けながら材内に浸透し、加圧処理に匹敵する浸潤度を達成することができる方法である。前述のとおり、この方法で処理された製材や集成材についてもAQ認証が設けられ認定が行われている。

## 18.6　木造建築における生物劣化

### 18.6.1　木造構造物の耐久性に関する法律

　建築基準法では、部材には荷重及び外力に適切に抵抗することができる材料を用いることとなっている。そのため、もし部材が生物劣化を受けた場合にもこの要件を満足する性能を有している必要がある。また、建築基準法施行令では、構造耐力上主要な部分に使用する木材の品質は、耐力上の欠点がないものでなければならないとされており、柱、筋交い及び土台のうち、地面から1 m以内の部分(**図18-12**)には、「有効な防腐処置を講ずるとともに、必要に応じて、

しろあり、その他の虫による害を防ぐための措置を講じなければならない」となっている。ここでもその必要とされる性能に対して耐力上の欠点となるような傷んでいる材は使わないように、またその程度まで傷まないようにすることが必要と考えられていることがわかる。要するに新築・既築に関わらず、建物において

図18-12　地面から1mまでの薬剤処理の様子

生物劣化を受けた材料の残存している性能がその部材にかかる応力に抵抗することができなければならないということである。また、既存の建物の部材が生物劣化を受けた場合には、その必要性能を満足していれば良いが、足りないようであれば補強することや部材を取り替えるということを検討する必要があるといえよう。

　また、2000年に施行された「住宅の品質確保の促進等に関する法律」に劣化対策等級が述べられており、等級1から3までが設定されている。劣化対策等級1は先に述べた建築基準法や施行令で述べられている基準を満足することとなっており、劣化対策等級2、3と高くなるに従って、その対策はより劣化が起こり難いような対策を求めるようになっている。ここでいう劣化の多くは、水分やシロアリ対策であり、生物劣化が対象であると考えて過言ではない。そのため、この対策を講じることで、より長い期間使用できる建物を目指しており、等級2は2世代、等級3は3世代に引き継げる性能を担保することを目標としている（1世代は約30年と換算）。

　近年注目されるようになってきている中大規模建築においても劣化対策は必要となっているが、まだ明確な仕様が存在せず、ここで最初に述べたように、木材の健全性を保つこととなる。そのため、建物に使用されている木材及び木質材料の劣化対策として、水分移動の対策として木口の処理や通気層による換気の確保などがおこなわれている。防腐・防蟻の薬剤処理の手法が確立されてきているものや提案されているものがあり、今後これらの整備が進むことに期待する。

## 18.6.2　木造建築の生物劣化による被害とその対策

　木造住宅及び非住宅の木造で見られる生物劣化被害の様子を紹介する。建物調査で見られた生物劣化の様子として、非住宅木造における軒部分の雨がかりによる腐朽の被害(**図18-13**)、木造住宅の床下のシロアリ被害(**図18-14**)を示す。それぞれの劣化が発生する条件については先述されているが、生物劣化の被害を受けた場合には、その要因を取り除くことと、再びその要因が発生しないような対策を講じる必要がある。また、発生してしまった生物劣化によって担保するべき性能が確保できなくなっていないかの確認をする必要があり、確保できない場合はその部分の取り替えなどを検討する必要がある。

　1995年兵庫県南部地震以降、幾度かの大地震が発生し、そのたびに木造住宅をはじめ多くの建築物に被害があった。近年最も被害が大きかった地震として2016年熊本地震が挙げられる。地震による振動を受けることで、生物劣化を受けていた箇所の周りの外壁などの保持力が低下していたために、外壁などが脱落し、その被害が露わとなることが多い。そのため、地震被害後の調査では、生物劣化の被害に遭遇することが多々ある。**図18-15**では、ベランダからの漏水による壁面の腐朽が原因の保持力低下によりモルタルが剥落している。**図18-16**では、筋かい耐力壁の筋かい端部が腐朽とシロアリの食害によって欠損しており、地震時には早急に外れてしまったのではないかと考えられる。**図18-17**では、窓の結露から水分がとれたことによってシロアリの食害が進展した箇所と思われる。このように、地震で露わになるのではなく事前に発見する

図18-13　屋根材の腐朽の様子

図18-14　床下のシロアリ被害の様子

図 18-15　ベランダからの漏水による壁面の腐朽

図 18-16　生物劣化を受けた筋かい端部

図 18-17　窓の結露箇所の生物劣化被害

ことで建物被害を軽減するようになれば良いと考えてもらいたい。

### 18.6.3　木材の健全性評価のための診断機器

　木造建築に用いられている木材や木質材料の健全性評価は、定まった規則がない。現在、木造住宅の健全性を評価するための指標として、いくつかの本が出版されてるが、木材の評価を細かく記載している文献はほとんどない。例えば、「木造住宅の耐震診断と補強方法」では、腐朽材や蟻害材は部材を叩いたり、マイナスドライバーで突いてみたりして容易に貫入するようであれば、かなりの確率で被害を疑うことができるとある。また、体重をかけて木材に押し当てた先端の尖ったものが 10 mm 程度以上貫入した場合は、腐朽材または蟻害材と判断してよいとなっている。そして、木材への圧入深さが部材断面の 20 ％以下程度の場合は部分的な劣化で程度としては小さいと考え、それ以上の場合は部分的な劣化ではあるが程度が大きいと判断をし、部材などの取り替えを検

討することとなっている。実際に、建物における診断としてもっとも用いられている診断機器はマイナスドライバーであるため、上記のような判断基準が提案されている。

現在、実務でも使われはじめ、研究が進んできている診断機器について紹介する。これらの機器については、健全及び劣化材のデータも蓄積されてきている。詳しい内容は、「既存木造建築物健全性調査・診断の考え方(案)木質部材・接合部等」に耐力推定方法の例なども併せて網羅的に紹介されているので興味がある人は手に取ってもらいたい。

### ①超音波伝播速度計測器(図18-18)・応力波伝播速度計測器

対象木材の繊維平行または直交方向の超音波や応力波などの弾性波の発進から到達までの時間を計測し、速度に置換するものである。密度が高い、または密実に近い状態だと伝播速度が早く、木材内部に割れや空洞などがある場合に伝播経路が長くなるために速度が遅く計測される。この結果を利用して、その部材の残存耐力の推定するものである。

### ②貫入抵抗測定装置(図18-19)

細い棒状の先端部をバネなどの一定の力で打ち出し、木材に打ち込む(貫入)深さを計測する機器である。木材の表面付近が健全であり、密度が高い状態であれば、打ち込み深さが浅くなり、残存している強度が高いと判断できる。この打ち込み深さと各種強度特性に関するデータとの関係から、残存耐力を推定するものである。

### ③せん孔抵抗測定装置

せん孔時の抵抗を計測する機器で、木材が健全時には抵抗が大きく、劣化するとその抵抗値が低下することから、残存している断面の推定ができ、その結果を基に残存耐力を推定するものである。

これら計測機器は現在使用例が多いものであるが、計測値の絶対値を用いて残存している耐力を推定することを目指したデータとして考えているものと、健全と思われる部分との相対値により劣化度合いを設定して、元あったと考える耐力からの低減を検討しているものがある。

建築物に用いられている材料は担保するべき性能が確保できていることが重要となるため、生物劣化を受けてしまった際にはこの性能を維持しているのか、

図 18-18　超音波伝播速度計測器

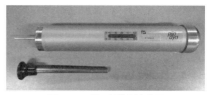

図 18-19　貫入抵抗測定装置

維持できていないときにはどのように補強するのかなどについて適切に検討する必要がある。

### 18.6.4　木質構造に用いられる部材や接合部、建物の残存性能評価

　木造の部材及び接合部、建物の残存性能について様々な検討が現在進められており、生物劣化を受けた木材の耐力と先述した超音波や応力波、貫入抵抗などの診断機器で得られた値と実験的に得られた強度性能の相関から、残存性能を評価した研究（Yamazaki 2010）や接合部の評価（戸田 2013; 森 2016）を実施しているものなどがある。今後これらの実験と理論に基づいた計算との関係がより明らかとなることで、その部材、接合部の残存性能、建物に至る残存性能まで明らかとなり、建物として補強の必要の有無などもわかるようになると考えている。加えて、生物劣化が起こりやすい箇所や起こっている箇所は、水回りや漏水をしているところ付近であることが多いために、ある一面の壁に集中していることがある。そのため、生物劣化が起こることによって、建物の各方向における耐震性能のバランスとして重要となる偏心率が大きくなり、被害が大きくなることが懸念される。木材・木質材料が生物劣化を起こさないことが最も望ましいが、起きてしまったときに適切に対応できるように、より精度の高い診断技術・評価方法の提案が待たれる。

●参考図書

近藤昭彦ら（監修）（2018）:『バイオマス分解酵素研究の最前線《普及版》セルラーゼ・ヘミセルラーゼを中心として』．シーエムシー出版.

森林総合研究所(監修)(2004):『木材工業ハンドブック　改訂4版』. 丸善.

日本建築学会(編)(2022):『既存木造建築物健全性調査・診断の考え方(案)木質部材・接合部
　　　　等』. 丸善.

日本建築防災協会 (2012):『木造住宅の耐震診断と補強方法』.

日本木材加工技術協会(編)(2019):『最新木材工業事典』.

日本木材保存協会(編)(2018):『木材保存学入門　改訂4版』.

日本木材保存協会(編)(2022):『木材保存剤ガイドライン　改訂4版』.

木材塗装研究会(編)(2012):『木材の塗装　改訂版』. 海青社.

屋我嗣良ら(編)(1997):『木材科学講座12 保存・耐久性』. 海青社.

吉村　剛ら(編)(2012):『シロアリの事典』. 海青社.

# 19章 燃焼性と難燃・不燃

## 19.1 木材の燃焼特性

### 19.1.1 木材の燃焼性状

#### (1) 木材の熱分解

　木材は、熱分解生成物である可燃性ガスに着火して燃焼する。木材を加熱すると、熱分解が起こり、メタン、エタン、水素、アルデヒド・ケトン類のような可燃性ガスが発生する。250℃を超えると、熱分解速度が急激に高まり、熱分解生成物と空気から成る可燃性混合気体が着火に必要な濃度になり、ここに着火に必要なエネルギーが供給されると、燃焼を開始する。木材はセルロース、ヘミセルロース、リグニンを主成分としており、木材の熱分解はそれぞれの成分の熱分解の総和としてとらえることができる。木材、セルロース、ヘミセルロース（キシラン、グルコマンナンなど）、リグニンの熱分解過程における重量減少曲線（TG曲線）を図19-1に示す（平田1995）。

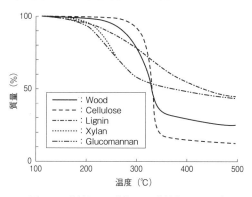

図19-1　木材とその成分のTG曲線（平田1995）

#### (2) 着火

　口火がない場合、着火は、着火に必要なエネルギーの供給に依存する。このため、樹種によらず、雰囲気温度が400〜500℃になると着火する。これに対

し、口火など外部からエネルギーの供給がある場合は、可燃性混合気体の濃度
に支配されるので、加熱条件にもよるが、着火温度は熱分解速度が急激に高ま
る 250〜300℃ となる。着火までに要する時間は、木材の密度と熱伝導率の影
響を受け、密度の大きな木材ほど、また、熱伝導率が高いほど着火は遅くなる。
熱伝導率は木材の密度と正の相関があるが、異方性があり、繊維直角方向より
繊維方向の熱伝導率が大きいため、同じ木材であっても板目面やまさ目面を加
熱するより木口面を加熱する方が遅くなる傾向がある。**図 19-2** にコーンカロ
リーメーター(ISO 5660)を用いて、入射熱強度 50 kW/m$^2$ で木材のまさ目面あ
るいは板目面を加熱した際の木材の密度と着火時間の関係を示す(原田 2004)。

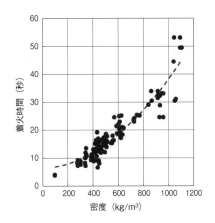

**図 19-2**　木材の密度と着火時間の関係(入射熱強度 50 kW/m$^2$) (原田 2004)

### (3) 発熱量

　燃焼過程で、木材は発熱する。**表 19-1** に絶乾状態での木材の発熱量を示す
(森林総合研究所 2004)。単位重量当たりの発熱量も木材成分の発熱量の影響
を受ける。Parker によれば、木材成分の単位重量減少当たりの発熱量はリグ
ニン>セルロース>マンナン>キシランであり、このことからリグニン含有
量の多い、針葉樹の方が広葉樹よりも若干、発熱量が大きくなる傾向がある
(Parker 1988)。

表19-1 木材の発熱量（絶乾ベースで単位はMJ/kg）（森林総合研究所2004より作成）

| 樹　　種 | 発熱量 | 樹　　種 | 発熱量 | 樹　　種 | 発熱量 |
|---|---|---|---|---|---|
| トドマツ | 20.81 | サワグルミ | 19.51 | イロハモミジ | 19.61 |
| エゾマツ | 20.26 | シラカンバ | 20.08 | オオバヤナギ | 19.65 |
| カラマツ | 20.87 | クヌギ | 19.93 | ハンノキ | 19.64 |
| ベイマツ | 21.39 | コナラ | 19.41 | ミズナラ | 19.65 |
| ベイツガ | 19.76 | シラカシ | 19.53 | ハルニレ | 19.54 |
| ベイスギ | 22.57 | クリ | 19.67 | センノキ | 19.78 |

### (4) 炭化速度

　木材は、燃焼過程において、炭化するという特徴を有する。炭化層には断熱性があり、内部に熱を伝えにくいので、外側は炎をあげて燃えていても内部の未炭化部分の温度は低く、温度上昇が小さければ強度もあまり低下しない。Schafferによれば、炭化境界面の温度は280〜320℃（平均288℃）とされている（Schaffer 1966）。熱重量分析から得られる木材の急激な重量減少が300℃付近で生じていることからも炭化境界面の温度は300℃程度と見なして差し支えない。建築物の火災を想定した実験（ISO 834）から柱や梁に使用される大断面の構造用集成材等の炭化速度は1分間に約0.5〜0.7 mmである。この性質を利用し、構造用集成材等で柱や梁の断面積を構造上必要な断面積よりも大きくし、火災時に避難が完了するまで倒壊しない木造建築物をつくる方法（燃えしろ設計）が考案されている。

## 19.1.2　木材の高温時の物理的性質の変化

### (1)　高温時における木材の熱特性の変化

　常温時の木材の熱伝導率は密度と正の相関がある（**図19-3**、Harada 1998）。また、繊維方向の熱伝導率は繊維直角方向に比べて2.5倍程度大きい（浦上ら1981）。木材の熱伝導率は、温度上昇に伴って増加する（渡辺1978; Harada 1998）。

　常温時の木材の比熱は樹種によらずほぼ一定（0.298 cal/g・℃ =1.247 kJ/kg・K）だが、温度には影響を受け、比熱$C$（cal/g・℃）と温度$\theta$（℃）について、次の式が提案されている（伏谷ら1991）。

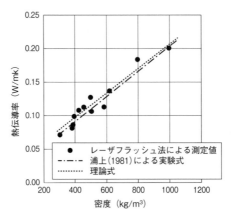

**図19-3** 室温での木材の密度と熱伝導率の関係(Harada *et al.* 1998より作成)

$$C = 0.266 + 0.00116\,\theta \tag{19.1}$$

## (2) 高温時における木材の機械的強度の変化

　木質材料が準耐火構造や耐火構造の建築材料として用いられるようになり、温度上昇が木材の機械的強度に及ぼす影響について関心が高まってきた。加來らは、含水率3%程度のスギ、カラマツ、ベイマツ、ケヤキの常温〜250℃に

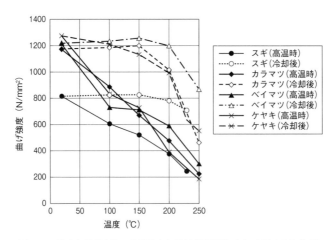

**図19-4** 温度上昇が木材の曲げ強度に及ぼす影響(加來ら 2014より作成)

おける曲げ強度の変化を測定した(**図19-4**)(加來ら2014)。木材の機械的強度は温度上昇に伴って減少するが、150℃程度までの加温であれば、冷却後の曲げ強度はほぼ元に戻っている。なお、温度上昇過程における木材の機械的強度の変化には含水率の影響も大きい(鈴木ら2015)。

## 19.2　木材の難燃化と建築物への適用

### 19.2.1　防耐火に係る用語の整理

　難燃処理木材と建築物とのかかわりを議論する上では、"防火性能"や"耐火構造"といった用語の指し示す性能、概念を把握することが理解の助けとなる。まず、難燃化や建築物の火災安全性に関する用語の主要なものについて整理しておく。なお、ここでは法規等での具体な記述を転載するのではなく、概念や他の用語との関係性を中心に記載する。そのため、法規上の正確な表現については建築基準法(以下、基準法)等を参照していただきたい。

#### (1)　難燃化

　難燃化とは、可燃物を燃えにくくすることであり、広い意味では木材の表面をせっこうボードで覆うといった工法的な方法も含みうる。狭い意味では、木材やプラスチックなどの素材自体に対し難燃薬剤を含浸・混合することにより燃え難くすることを言う。

#### (2)　不燃性能

　基準法にて定められる、燃焼せず、有害な変形・貫通割れなどしない性能のこと。屋内で使用する材料においては、有毒ガスを出さないという性能も必要。収縮等の変形は問われるが、強度など力学的性能については不問。

　評価試験の基準から言うと、「燃焼しない」＝「$50\,kW/m^2$の加熱強度で加熱して、規定時間での総発熱量が$8\,MJ/m^2$以下、かつ、発熱速度が10秒以上継続して$200\,kW/m^2$を超えない」で、$50\,kW/m^2$という加熱強度は、約700℃の空間に曝された時の加熱に値する。イメージとしてはやや大きめの焚き火による加熱程度で、例えばスギであれば10秒弱程度で着火する。総発熱量$8\,MJ/m^2$という値は、上記加熱条件で無処理の木材であれば1分ほどで超過する。

### (3)　難燃材料、準不燃材料、不燃材料

それぞれ、5分、10分、20分間の不燃性能を保持する材料。いずれも性能評価での基準値(不燃性能の項参照)は同一で、加熱される時間が異なる。難燃～不燃材料までを総称して防火材料と呼称することが多い。

### (4)　耐火性能、準耐火性能、防火性能

基準法上での概念では、火災にあっても建築物が一定時間壊れず、延焼しないために柱や壁といった建築部材に必要とされる性能、となる。「非損傷性」、「遮熱性」、「遮炎性」の3つの性能が必要とされる。耐火は火災終了後にも性能が維持されている必要があり、それ以外は所定の時間までの性能があれば良い。いずれも部材表面の燃焼性は不問だが、耐火では消防活動無しで自然鎮火しなければならない。

なお、一般的には単純に「火に耐える性能」「火から守る性能」という意味で「耐火性能」「防火性能」ということもある。また、「防火性能」については、前述の難燃材料等の「防火材料の性能」を意味して用いられることも多い。

### (5)　防炎性能

小さな火に接しても燃え広がりが少なく、火種を離すと自己消炎するという性能。主に消防法による繊維製品や家具、パネルなどを対象としたもの。評価試験での加熱源は火炎長45 mmのバーナー火炎などで、強い加熱下では燃焼する場合もある。

### (6)　防耐火

法規等で特に記述されているわけではないが、一般に防火から耐火までを包括したもの、といった意味で使われることが多い。広義の「防火」もほぼ同じ範囲を指し示す場合がある(例：防火委員会というと火災全般が対象範囲と捉えられるが、耐火委員会というと通常は耐火構造が対象)。

**表19-2**に、上記の性能・材料等の想定している状況や求められる性能などを示す。基本的に表の下に行くほど強い加熱に対する、あるいは長時間の性能を問われるものとなっており、ちょうど火災の進展に合わせて必要とされる対策の順序となる。即ち、火災初期ではごく小さな火源に対する燃え広がりが問われ、材料レベルの燃焼性の抑制が課題であるが、火災が大きくなると短時間で壊れたりしないという構造レベルの性能が重要とされる。

表19-2　材料・構造の火災安全性に関する性能と想定している加熱状況（上川 2022）

| 性能 | 想定している状況・加熱 | 求められる性能 | 材料・構造の分類 |
|---|---|---|---|
| 防炎性能 | 出火直後・大きめライター程度 | 燃えひろがらない、火源を離すと消える | 防災物品（消防法での義務）防炎製品（上記以外） |
| 不燃性能 | フラッシュオーバー前後・大きな火炎（約700℃） | 燃えない、燃え抜けない有害なガスを出さない[*1] | 5分…難燃材料 10分…準不燃材料 20分…不燃材料 |
| 防火性能 準耐火性能 耐火性能 | 進展した火災・火災区画内[*2]（1時間経過時で約950℃） | 一定時間[*3]、構造的に壊れない 裏面側に延焼しない[*4] | 30分…防火構造 45分〜…準耐火構造 1時間〜…耐火構造 |

*1　屋内使用するもののみ、＊2　防火構造は屋外からの加熱のみ、それ以外は屋外・屋内からの加熱それぞれでの性能が必要、＊3　耐火は火災終了後に自然鎮火し、性能を維持している必要あり、＊4　壁・床等の面状の部材のみ

## 19.2.2　木材の難燃化の方法

### (1)　木材の燃焼と難燃化の概要

木材の燃焼では、

① 高温となった可燃物の熱分解により可燃ガス発生。

② 気相にて酸素と混合し酸化発熱反応（＝燃焼）。

③ 生じた熱の一部が再び可燃物を加熱。　→①へ

という燃焼サイクルが繰り返される。木材の難燃化はこのサイクルの一部を阻害することで燃焼の継続を難しくすることであり、以下のような手法がある。

1) 金属や無機材料等での木材表面の被覆

金属板など熱に対し強固な表面層により可燃ガスの放出を防ぐ、あるいは断熱性の高い無機材料により木材からの熱分解ガス発生を遅延する。

2) セメントなどの無機材料との複合化

無機材料による遮蔽および断熱に加え、その熱容量の大きさにより温度上昇を遅延する。

3) 難燃薬剤処理

難燃薬剤を木材に含浸させ、熱分解機構を変化させることでの可燃ガスの発生量低減や、結晶水による温度上昇抑制、表面の被覆効果などにより木質材料の燃焼発熱を抑える。

### (2)　木材の難燃薬剤処理

　木材の難燃薬剤処理は、ほとんどの場合、難燃薬剤水溶液を木材中に含侵させることで行われる。含侵処理には、浸せき処理法（ドブ漬け）、拡散処理法、温冷浴処理法といった常圧下での方法と、圧力容器内にて減圧加圧を行う方法がある。前者はひき板等の厚みのある材料には向かず、防火材料用の難燃薬剤処理木材の多くは後者の圧力容器を用いる方法、特に減圧-加圧-減圧の工程とする注入処理方法（ベセル法）が一般的なようである。

　樹種や部位、材厚などにより注入性が大きく変わるため、処理条件を適切に設定する必要があるほか、含侵後の乾燥においても温度や期間など、不具合が起きぬよう配慮が必要となる。

　木材の難燃薬剤処理に用いられる主な薬剤として、リン酸やリン酸水素二アンモニウム塩、リン酸グアニジンといったリン酸系薬剤と、ホウ酸、四ホウ酸ナトリウム十水和物などのホウ酸系薬剤がある。これらは単体で用いられる場合もあるが、いくつかの組み合わせで使われることも多い。他に、主成分の溶解量の増加や、薬剤の析出対策などを目的に酸化ジルコニウムや炭酸アンモニウム、炭酸水素アンモニウムなどの成分が添加される場合もある。

　リン酸系薬剤は、加熱の進行につれて強酸のリン酸に分解してセルロースに作用し、ヒドロキシ基が反応しての脱水や、リン酸エステル形成などによりセルロース中の水素を水に変化させる（秋田 1974）。この水の蒸発により熱が奪われることと、更なる脱水により炭化残渣が多くなることにより燃焼抑制効果を示す（Lyons 1970）。また、アンモニア塩や、炭酸塩、窒素化合物は分解してアンモニア、炭酸ガス、窒素系ガスを生成し、可燃性ガス濃度の低減などの効果を示す。ホウ酸化合物は、加熱によってガラス状になり（Lyons 1987）、これが木材表面や細胞空隙を塞ぐことで可燃性ガスの放出や炭化物表面への酸素の接触を抑える効果があるとされているほか、結晶水の気化に伴う吸熱効果、ヒドロキシ基を持つ材料に対する脱水炭化作用により燃焼を阻害するとされる（Brotherton *et al.* 1964; Tang *et al.* 1964）。

### (3)　難燃薬剤処理の効果

　難燃薬剤処理した木質材料の防火性能は、基本的に材中に含まれる薬剤の量に依存する。**図 19-5** および**図 19-6** は厚さ 15 mm のアカマツ材に難燃薬剤

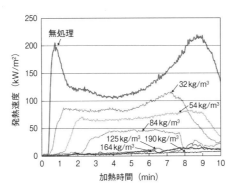

**図 19-5** 難燃薬剤量とコーンカロリーメーター試験における発熱速度の関係
(Harada *et al.* 2003 より作成)

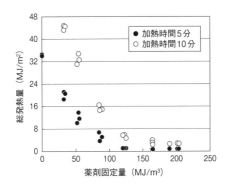

**図 19-6** 難燃薬剤量と 5 分および 10 分間の総発熱量の関係 (Harada *et al.* 2003 より作成)

としてカルバミルポリリン酸アンモニウムを注入した試験体の燃焼試験 (コーンカロリーメーター試験 (加熱強度 50 kW/m²)) の結果である (Harada *et al.* 2003)。**図 19-5** は薬剤量ごとの発熱速度の推移、**図 19-6** は 5 分間および 10 分間の総発熱量と薬剤量の関係を表している。総発熱量が 8 MJ/m² 以下であることが防火材料の性能の判定基準であることから、この難燃薬剤において総発熱量のみから判断すれば 80 kg/m³ が難燃材料、120 kg/m³ が準不燃材料の基準を満たすための目安といえる。ただし、材厚が薄い場合は有害な変形や貫通する割れが生じる恐れがあるため、ある程度の厚みが必要とされる。

### 19.2.3 建築物への適用

#### (1) 内装材など、構造以外の部位への適用

　建築物で火災が発生した際に内装材が燃えやすい素材だと、急速な火災拡大が生じたり、有害な煙が多量に生じることで在館者の安全な避難が困難となる恐れがある。そのため基準法では、一定以上の規模の建築物(例えば、3階建て以上で延べ面積が500 m²を超えるもの)や、病院、百貨店のようなリスクの高い用途のもの、火気使用室や避難階段などの内装に制限を設け、壁や天井を防火材料で仕上げることを要求している。

　この内装制限は天井と壁が対象で、用途や規模などに応じて難燃〜不燃材料のいずれとすべきかが決められている。ただし、幅木や廻り縁、窓枠などは対象外であり、居室の壁であれば床から高さ1.2 mまでの範囲も対象外である。また、スプリンクラーなどの設置や避難安全検証法(基準法告示に示される、在館者が煙に巻かれる前に避難可能かを計算で判定する方法)で安全性を確認することで仕上げを無処理の木材とする方法や、難燃材料を要求される居室の天井を1ランク上の準不燃材料とすることで壁の制限をなくす方法などもある。

　建築物の外装に関しては、建築物を防火的に区分けするための壁等(法第21条第2項)の周囲や、その近隣の開口付近の外壁に対して延焼防止のために不燃材料や準不燃材料を使用することが求められている。加えて、外装材の燃焼に起因する隣棟からの延焼や急激な上階延焼を避けるため、市街地や階数の多い建築物では外装材には一定の難燃性を持つものを使用する必要がある。また、屋根の葺き材については、防火地域又は準防火地域内の建築物の屋根を不燃材料(もしくは飛び火を防ぐ性能の国土交通大臣認定を受けたもの)で造るか、または葺くことが規定されている。

#### (2) 無処理の集成材等による燃えしろ設計について

　木材が加熱を受けると表面から炭化していくが、火災においてその炭化が内部へと進行する速さは速くても1 mm/分程度である。そのため、断面の大きな木質部材であれば、火災に遭ってもかなり長時間荷重を支え続けることができる。この"ゆっくり燃える"性質を利用し、火災に所定の時間以上耐えるように木質部材の断面を設計する方法を燃えしろ設計と呼ぶ。これは、一定時間まで倒壊等をしなければ良いという概念の、準耐火構造以下の部材に適用でき、

耐火被覆等無しで集成材などをそのまま現しで使うことができる。

　基本的には、「部材断面から、所定の火災時間の間に炭化する部分（燃えしろ）の断面を除いた残存断面」でその部材に掛かる長期荷重を支持した場合の応力度が、短期許容応力度以下となるよう部材の断面を決定する。

　燃えしろ寸法は、部位、耐えるべき時間、木質材料の種類（製材、集成材、CLT、LVL）、使用されている接着剤の種類などに応じて告示にて定められている。例えば45分準耐火の柱であれば、製材の場合燃えしろ45 mm、集成材の場合35 mmとなっている。なお、集成材などに対して燃えしろ設計を行う場合は、使用環境B以上のJAS製品である必要がある。

### (3)　木質耐火構造について

　19.2.1項の耐火性能の説明にあるように、耐火構造は火災終了後にも性能が維持されている必要があるため、消防活動無しで自然鎮火しなければならず、荷重を支持する木質部材の炭化も許されない（再燃→倒壊の恐れがあるため）。この要求を満たす木質耐火構造として、以下のようなタイプの部材が開発されている（図19-7）。

　**無機被覆型**：内部の木質構造部材を強化石こうボード等で被覆するもの。無

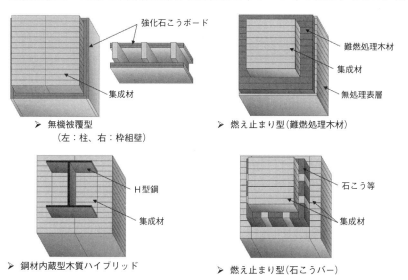

**図19-7　木質耐火構造部材イメージ**

機被覆層の断熱や結晶水の気化で温度上昇を抑制し、内部の燃焼や炭化を防ぐ。1時間耐火までのものは既に基準法告示に例示されている。表面を更に木材で覆ったものも開発されている。

**燃え止まり型**：荷重を支持する木質部材の外周に燃え止まり層として難燃薬剤処理した木材や、高比重の木材、石こうバー等を配置し、さらに表面に仕上げ材として無垢の木材を積層したもの。難燃薬剤の燃焼抑制効果や、石こうバー等による吸熱効果により部材自体を燃え止まらせ、中央の荷重支持部を健全な状態に保つ。

**鋼材内蔵型木質ハイブリッド集成材**：H型鋼等の鋼材を荷重支持部材とし、その周囲を集成材で被覆したもので、構造的には鉄骨造に分類される。鋼材は不燃材料だが、被覆無しで火災に遭えばかなり短時間で強度が低下するため、そのままでは耐火部材とはならない。周囲の集成材により鉄骨を火災盛期の強烈な加熱から保護し、火勢が低下した後は鋼材が周囲の集成材から熱を奪うことで集成材の燃焼を止める。

これら木質耐火部材の多くは、5階建て以上で必要となる2時間や3時間の耐火性能を持つものも開発され、既に実際の建物に適用されている。無機被覆型は、枠組壁工法などで多くの耐火木造住宅に使われているほか、近年は中層の高齢者施設などが建てられている。また、石こうボード被覆の表面に木材を張った耐火部材の建築例として、「髙惣木工ビル（宮城県仙台市、延床面積：1,131 m²、地上7階建て木造、2021年2月竣工）」や、「Port Plus（神奈川県横浜市、延床面積：3,502 m²、地上11階建て木造、2022年8月竣工）」などがある。難燃薬剤を使用したタイプの燃え止まり型耐火部材の適用物件としては、「神田神社文化交流館（東京都千代田区、延床面積3,718 m²、地上4階建て鉄骨造一部耐火木造、2018年11月竣工）」や、「長崎県庁新庁舎行政棟（展望室）（長崎県長崎市、延床面積46,565 m²、RC造8階建て一部耐火木造、2017年12月竣工）」などが、内部に石こうバーを入れた燃え止まり型の耐火集成材を使った建築物の例として、「PARK　WOOD　高森（宮城県仙台市泉区、延床面積：3,605 m²、地上10階建て木造＋鉄骨造、2019年2月竣工）」、「FLATS WOODS 木場（東京都江東区、延床面積：9,150 m²、地上12階RC造＋木造＋鉄骨造、2020年2月竣工）」が建設されている。

●**参考図書**

日本建築学会（編）(2017)：『構造材料の耐火性ガイドブック 2017』.

日本建築学会（編）(2022)：『基礎からの防火材料 —— 材料・工法で建築と人命を火災から守るために —— 』.

日本木材保存協会（編）(2018)：『木材保存学入門　改訂 4 版』.

# 引 用 文 献

● 10章

Morita, E. *et al.* (2020): "Association of wood use in bedrooms with comfort and sleep among workers in Japan: a cross-sectional analysis of the Sleep Epidemiology Project at the University of Tsukuba (SLEPT) study". *J. Wood Sci.* **66**, 10.

Nakagawa, T. *et al.* (2016): "Multiple uses of Essential Oil and By-Products from Various Parts of the Yakushima Native Cedar (*Cryptomeria Japonica*)". *J. Wood Chem. Technol.* **36**(1), 42-55.

池井晴美, 宋チョロン, 宮崎良文 (2018):「木材が人にもたらす生理的リラックス効果」. 木材工業 **73**(12), 542-549.

片岡 厚ら (2015):「木材による「青色光」の吸収と室内の光環境」. 日本木材保存協会第31回年次大会研究発表論文集(31), 90-93.

気象庁 (2022):「主な地点の観測値」, https://www.data.jma.go.jp/gmd/cpd/monitor/mainstn/obslist.php (2022年12月確認).

清水邦義, 本傳晃義, 奥田 拓ら (2018):「スギの無垢材を内装に用いた室内空間における人滞在時の吸湿作用の検証」. 木材工業 **73**(5), 187-192.

恒次祐子, 松原恵理, 杉山真樹 (2017):「木質居住環境が人間にもたらす影響の評価手法」. 木材学会誌 **63**(1), 1-13.

東島祐真, 荘保伸一, 村上知徳, 信田 聡 (2014):「木製外装の紫外線反射」. 木材工業 **69**(8), 338-342.

仲村匡司 (2012):「木材の見えと木質内装」. 木材学会誌 **58**(1), 1-10.

日経BP 総合研究所 (2021):「建築物への木材の利用に関する調査」. https://xtech.nikkei.com/atcl/nxt/column/18/00461/011300046/ (2022年12月確認).

日本建築学会関東支部(編) (2008):『木質構造の設計』. 日本建築学会.

(公財)日本住宅・木材技術センター (2021):「内装木質化した建物事例とその効果 — 建物の内装木質化のすすめ — 」. https://www.howtec.or.jp/files/libs/3554/20210322145 3572916.pdf (2022年12月確認).

(公財)日本住宅・木材技術センター (2022):「在来工法住宅の木材使用量調査」. https://www.zenmoku.jp/ippan/faq/faq/faq2/214.html (2022年12月確認).

則元 京, 山田 正 (1977):「木造モデルハウスにおける室内調湿機能に関する研究」. 木材研究資料(11), 17-35.

松原恵理 (2019):「スギ内装材を施工した実験室での揮発性有機化合物濃度の経時変化」. 森

林総合研究所研究報告 **18**(1), 15-25.

文部科学省 (2021):「公立学校施設における木材利用状況(令和2年度)」.

矢田茂樹 (2018):『木材保存学入門 改訂4版』, 日本木材保存協会(編), pp. 279-281.


## ●11章

関野 登, 末松充彦, 安井悦也, 高麗秀昭 (1997):「木質ボードの面内寸法安定性(Ⅰ)各種市販ボード類の吸湿線膨張の特徴」, 第47回日本木材学会大会研究発表要旨集, 249.

渋沢龍也 (2014〜2018):「木材利用入門面材料」(1)〜(38), 住宅と木材, 442-479.

林野庁(編) (2021):『令和3年版 森林・林業白書』, 全国林業改良普及協会, p. 204.


## ●12章

Li, Q., Kobayashi, M., Wakayama, Y., Inagaki, H., Katsumata, M., Hirata, Y., Hirata, K., Shimizu, T., Kawada, T., Park, B.J., Ohira, T., Kagawa, T. and Miyazaki, Y. (2009): "Effect of phytoncide from trees on human natural killer cell function". *Int. J. Immunopathol. Pharmacol.* **22**(4), 951-959.

大串謙吾 (2017):「音のピッチ知覚について ─ ミッシングファンダメンタル音のピッチを巡って ─」. 日本音響学会誌 **73**(12), 758-764.

大平辰朗 (2007):『生物資源研究シリーズ5 森林の香り, 木材の香り』, 農学生命科学研究支援機構, 八十一出版.

大平辰朗 (2012):『生物資源研究シリーズ10 最新の香り物質抽出法』, 農学生命科学研究支援機構, 八十一出版.

岡島達雄 (1995):『木材居住環境ハンドブック』. 朝倉書店.

佐道 健 (1989):「子供の生活環境を形作る材料」『京都大学昭和63年度教育研究学内特別経費「人の発達に関わる木質環境の機能に関する研究」実施報告(代表者:山田 正)』, pp. 34-50.

佐道 健, 竹内正宏, 中戸莞二 (1977):「木材表面あらさの官能評価と物理的評価の関係」. 京都大学農学部演習林報告 **49**, 138-144.

城代 進 (1993):「木材の香気」. 城代 進, 鮫島一彦(編)『木材科学講座4 化学』所収, 海青社, pp. 100-103.

鈴木陽一, 竹島久志 (2004):「人の等ラウドネス曲線の測定と国際規格化」. 電気学会誌 **124**(11), 715-718.

寺内文雄, 青木弘行, 大釜敏正, 久保光徳, 鈴木 邁 (1993):「居住環境を構成する有香物質のニオイ評価」. デザイン学研究 **40**(3), 55-62.

仲村匡司 (2018):「塗装された木材の粗滑感の"ながら評価"」. 氏田壮一郎ら『ユーザの感性と製品・サービスをむすぶ真意を聞き出すアンケート設計と開発・評価事例』所収, サイエンス＆テクノロジー, pp. 178-190.

武者利光 (1980):『ゆらぎの世界』. 講談社ブルーバックス.

木材工業編集委員会(編)(1966):「日本の木材」. 日本木材加工技術協会, 巻末付表.

谷田貝光克 (2006):「木材の香り」. 岡野 健, 祖父江信夫(編)『木材科学ハンドブック』所収, 朝倉書店, pp. 102-111.

谷田貝光克, 近藤隆一郎, 佐藤敏弥, 屋我詞良, 山田妙子 (1995):「におい編」. 岡野 健ら(編)『木材居住環境ハンドブック』, 朝倉書店, pp. 260-322.

矢野浩之 (1987):「聴感覚と木材」. 材料46(8), 996-1002.

矢野浩之 (2007):「音」. 日本木材学会(編)『木質の物理』所収, 文永堂出版, pp. 249-251.

## ● 13章

石川県林業試験場(編)(2012):「安全・安心な乾燥材の生産・利用マニュアル」. 石川県林業試験場石川ウッドセンター編, https://www.pref.ishikawa.lg.jp/ringyo/iwc/manual/documents/chapter3.pdf (2022年12月確認).

片桐幸彦, 藤本登留, 豆田俊治, 近藤宏章 (2001):「湿度無制御で熱風乾燥された心持ち柱材の品質に及ぼす高温低湿処理の効果」. 木材工業56(12), 617-620.

信田 聡, 河崎弥生(編)(2020):『木材科学講座7 木材の乾燥 I基礎編』. 海青社, pp. 59, 41-105.

森林総合研究所(監修)(2004):『木材工業ハンドブック(改訂4版)』. 丸善, pp. 301-307.

寺澤 眞 (2004):『木材乾燥のすべて』, 海青社, pp. 576-578.

寺澤 眞, 岩下 睦 (1955):「木材乾燥操作に関する基礎的研究(第1報)乾燥特性曲線について」. 林業試験場報告(81), 576-578.

寺澤 眞, 金川 靖, 林 和男, 安島 稔 (1998):『木材の高周波真空乾燥』. 海青社, pp. 68-71.

藤本登留 (1996):「燻煙熱処理」. 木材工業51(11), 552-555.

吉田孝久, 橋爪丈夫, 藤本登留 (2000):「カラマツ及びスギ心持ち正角材の高温乾燥特性 高温低湿乾燥条件が乾燥特性に及ぼす影響」. 木材工業55(8), 357-362.

## ● 14章

Matsuda, Y., Fujiwara, Y. and Fujii, Y. (2018):"Strain analysis near the cutting edge in orthogonal cutting of hinoki (*Chamaecyparis obtusa*) using a digital image correlation method". *J. Wood Sci.* **64**(5), 566-577.

青山経雄 (1955):「木材切削の顕微鏡的観察」. 64 回林学会大会講演集, 347–348.

川野智子 (2002):「数値計算による木材加工室における浮遊粉塵濃度の予測」. 京都大学大学院農学研究科森林科学専攻修士論文.

藤原裕子 (2007):「触覚に対応した粗さ評価に関する最近 10 年の研究動向」. 木材工業 **62**(2), 56–60.

古川隼人, 藤原裕子, 簗瀬佳之, 澤田 豊, 藤井義久 (2019):「ヒノキ材の平削り面における毛羽立ちの生成機構の考察と定量評価」. 木材学会誌 **65**(2), 63–70.

## ● 15章

Belfas, J., Groves, K.W. and Evans, P.D. (1993): "Bonding surface-modificated Karri and Jarrah with resorcinol formaldehyde I. The effect of sanding on wettability and shear strength". *Holz als Roh Werkstoff* **51**, 253–259.

Chow, S. and Chunsi, K.S. (1979): "Adhesion strength and wood failure relationship in wood-glue bonds". *Mokuzai Gakkaishi* **25**(2), 125–131.

Dupré, A.(1869): "Theorie Mechanique de la Chaleur", Gauthier-Villars, Paris, p. 369.

Follrich, J., Teischinger, A., Gindl, W. and Müller, U. (2007a): "Effect of grain angle on shear strength of glued end grain to flat grain joints of defect-free softwood timber". *Wood Sci. Technol.* **41**, 501–509.

Follrich, J., Müller, U. and Teischinger, A. (2007b): "Internal bond strength of flat to end grain softwood joints". *Wood Res.* **52**(3), 49–58.

Frihart, C.R. and Hunt, C.G. (2011): "Adhesives with wood materials bond formation and performance". In: "Wood handbook 2010 Edition". Forest Products Society, 10–7.

Hiziroglu, S., Zhong, Z.W. and Ong, W.K. (2014): "Evaluation of bonding strength of pine, oak and nyatoh wood species related to their surface roughness". *Measurement* **49**, 397–400.

Young, T. (1805): "An Essay on the Cohesion of Fluids". *Phil. Trans. Roy. Soc., London* **95**, 65–87.

上田康太郎, 土屋欣也, 藤城幹夫 (2005):「V. 接着・塗装」. 平井信二(監修)『技術シリーズ木工(普及版)』, 朝倉書店, p. 152.

菅野簑作 (1973):「接着のきかない木材」. 木工生産 **15**(4), 4–9.

小西 信(著), 三刀基郷(監修) (2003):『被着材からみた接着技術 木質材料編(わかりやすい接着技術読本)』. p. 44.

森林総合研究所(監修) (2004):『改訂 4 版 木材工業ハンドブック』. 丸善, pp. 698–699.

鈴木正治, 徳田迪夫, 作野友康(編) (1999):『木材科学講座 8 木質資源材料 改訂増補』. 海青社, p. 116.

高谷典良，野崎兼司，田口　崇（1976）：「南洋材単板の接着性試験」．林産試験場月報7月号，12-18.

日本産業規格（1999）：「JIS K 6866 接着剤——主要破壊様式の名称」．『JISハンドブック 2022，29　接着』，一般財団法人日本規格協会，pp. 210-211.

日本産業規格（2012）：「JIS K 6807 木材用ホルムアルデヒド系樹脂接着剤の一般試験方法」．『JISハンドブック 2022，29　接着』，一般財団法人日本規格協会，pp. 67-68.

日本住宅木材技術センター（編）（2008）：『木材と木造住宅Q&A108』．丸善，p. 133.

林　知行（2021）：『増補改訂版 プロでも意外に知らない〈木の知識〉』．学芸出版社，p. 151.

堀岡邦典（1956）：「材質改良に関する研究（第6報）接着に関与する木材の材質」．林業試験場研究報告89号，105-150.

三刀基郷（2007）：「接着の基礎」．日本接着学会（編）『接着ハンドブック（第4版）』，日刊工業新聞社，pp. 6-16.

## ● 16章

Kobori, H., Inagaki, T., Fujimoto, T., Okura, T., Tsuchikawa, S. (2015)："Fast online NIR technique to predict MOE and moisture content of sawn lumber". *Holzforschung* **69**(3), 329-335.

Siekański, M., Magda, K., Malowany, K., Rutkiewicz, J., Styk, A., Krzesłowski, J., Kowaluk, T., Zagórski, A. (2019)："On-Line Laser Triangulation Scanner for Wood Logs Surface Geometry Measurement". *Sensors* **19**(5), 1074-1097.

Yamasaki, M., Tsuzuki, C., Sasaki, Y., Onishi, Y. (2017)："Influence of Moisture Content on Estimating Young's Modulus of Full-scale Timber Using Stress Wave Velocity". *J. Wood Sci.* **63**, 225-235.

上村　武（1960）：「誘電率による木材含水率の測定に関する基礎的研究」．林業試験場研究報告（119），95-172.

小倉武夫，大沼加茂也（1952）：「電気抵抗による木材水分分布の推定について」．林業試験場研究報告（53），83-101.

神庭正則（2008）：「腐朽診断の現状と課題」．グリーン・エージ（416）.

一般社団法人全国木材組合連合会（2022）：「針葉樹の構造用製材（機械等級区分製材）に関する全木連が認定した機械等級区分装置一覧」．https://www.zenmoku.jp/seizai/shinyou_list.html（2022年9月確認）.

田中聡一（2014）：「ミリ波・テラヘルツ波技術を用いた木材の非破壊評価の現状と展望」．農業食料工学会誌 **76**(3)，213-217.

山田利博（2008）：「精密機器による樹木診断の現状と課題」．グリーン・エージ（416）.

## ● 17 章

菅原龍幸 (1997):「キノコの主要成分」,『キノコの科学』所収, 朝倉書店, pp. 51-91.

高畠幸司 (2015):「我が国におけるキノコ生産の動向と今後の展望」, 木材学会誌 **61**, 243-249.

根田 仁 (2006):「きのこを利用した産業の展望」, 日本菌学会報 **47**, 81-82.

農林水産省 (2022):「令和 2 年度特用林産物統計調査」.

古川久彦 (1985):「きのこ栽培の概念」,『食用きのこ栽培の技術』所収, 林業科学技術振興所, pp. 6-13.

## ● 18 章

Ando,K., Hattori, N., Harada, T., Kamikawa, D, Miyabayash, M., Nishimura, K., Kakae, N. and Miyamoto, K. (2016):"Drill and laser incising of lamina for fire-resistive glulam". *Wood Mater. Sci. Eng.* **11**, 176-181.

Bayer, E.A., Lamed, R. and Himmel, M.E. (2007): "The potential of cellulases and cellulosomes for cellulosic waste management". *Curr. Opin. Biotechnol.* **18**, 237-245.

Biedermann, W. and Moritz, P. (1898): "Beiträge zur vergleichenden Physiologie der Verdauung II. Ueber ein. celluloselösendes Enzym im Lebersecret der Schnecke (*Helix pomatia*)". *Pflüg. Arch. Eur. J. Physiol.* **73**, 219-287.

Choinowski, T., Blodig, W., Winterhalter, K.H. and Piontek, K. (1999):"The crystal structure of lignin peroxidase at 1.70 Å resolution reveals a hydroxy group on the Cβ of tryptophan 171: a novel radical site formed during the redox cycle". *J. Mol. Biol.* **286**, 809-827.

Divne, C., Stahlberg, J., Teeri, T.T. and Jones, T.A. (1998):"High-resolution crystal structures reveal how a cellulose chain is bound in the 50 Å long tunnel of cellobiohydrolase I from *Trichoderma reesei*". *J. Mol. Biol.* **275**, 309-325.

Evans, P.D., Chowdhury, M.J., Mathews, B., Schmalzl, K., Ayer, S., Kiguchi, M. and Kataoka, Y. (2005): "Weathering and surface protection of wood". In: "Handbook of Environmental Degradation of Materials". Kutz, M. (ed.), Elsevier, pp. 277-297.

Hammel, K.E. and Cullen, D. (2008): "Role of fungal peroxidases in biological ligninolysis". *Curr. Opin. Plant Biol.* **11**, 349-355.

Hon, D.N.S. (1994): "Cellulose – a random-walk along its historical path". *Cellulose* **1**, 1-25.

Igarashi, K., Koivula, A., Wada, M., Kimura, S., Penttilä, M. and Samejima, M. (2009):"High speed atomic force microscopy visualizes processive movement of Trichoderma reesei cellobiohydrolase I on crystalline cellulose". *J. Biol. Chem.* **284**, 36186-36190.

Igarashi, K., Uchihashi, T., Koivula, A., Wada, M., Kimura, S., Okamoto, T., Penttilä, M., Ando, T. and Samejima, M. (2011): "Traffic jams reduce hydrolytic efficiency of cellulase on cellulose surface". *Science* **333**, 1279–1282.

Kataoka, Y., Kiguchi, M., Fujiwara, T. and Evans, P.D. (2005): "The effects of within-species and between-species variation in wood density on the photodegradation depth profiles of sugi (*Cryptomeria japonica*) and hinoki (*Chamaecyparis obtusa*)". *J. Wood Sci.* **51**(5), 531–536.

Kleywegt, G.J., Zou, J.Y., Divne, C., Davies, G.J., Sinning, I., Stahlberg, J., Reinikainen, T., Srisodsuk, M., Teeri, T.T. and Jones, T.A. (1997): "The crystal structure of the catalytic core domain of endoglucanase I from *Trichoderma reesei* at 3.6 Å resolution, and a comparison with related enzymes". *J. Mol. Biol.* **272**, 383–397.

Leatherwood, J.M. (1965): "Cellulase from Ruminococcus albus and mixed rumen microorganisms". *Appl. Microbiol.* **13**, 771–775.

Matsuda, F., Furusawa, C., Kondo, T., Ishii, J., Shimizu, H. and Kondo, A. (2011): "Engineering strategy of yeast metabolism for higher alcohol production". *Microb. Cell Fact.* **10**, 70.

Mayer, A.M. and Staples, R.C. (2002): "Laccase: new functions for an old enzyme". *Phytochemistry* **60**, 551–565.

Mitov, M. (2017): "Cholesteric liquid crystals in living matter". *Soft Matter* **13**, 4176–4209.

Momohara, I., Sakai, H., Kurisaki, H., Ohmura, W., Kakutani, T., Sekizawa, T. and Imamura, Y. (2021): "Comparison of natural durability of wood by stake tests followed by survival analysis". *J. Wood Sci.* **67**, 44.

Momohara, I., Sakai, H. and Kubo, Y. (2021): "Comparison of durability of treated wood using stake tests and survival analysis". *J. Wood Sci.* **67**, 63.

Piontek, K., Antorini, M. and Choinowski, T. (2002): "Crystal Structure of a Laccase from the Fungus *Trametes versicolor* at 1.90-Å Resolution Containing a Full Complement of Coppers". *J. Biol. Chem.* **277**, 37663–37669.

Sell, J. and Feist, W.C. (1986): "Role of density in the erosion of wood during weathering". *Forest Prod. J.* **36**(3), 57–60.

Shallom, D. and Shoham, Y. (2003): "Microbial hemicellulases". *Curr. Opin. Microbiol.* **6**, 219–228.

Stienen, T., Schmidt, O. and Huckfeldt. T. (2014): "Wood decay by indoor basidiomycetes at different moisture and temperature". *Holzforschung* **68**(1), 9–15.

Watanabe, H. and Tokuda, G. (2001): "Animal cellulases". *Cell. Mol. Life Sci.* **58**, 1167–1178.

Williams, R.S. (2010): "Chapter 16: Finishing of Wood". In: "Wood Handbook—Wood as an Engineering Material, General Technical Report". FPL-GTR-190, pp. 1-37, USDA Forest Service.

Yamasaki, M. and Sasaki, Y. (2010): "Determining Young's modulus of timber on the basis of a strength database and stress wave propagation velocity Ⅰ : an estimation method for Young's modulus employing Monte Carlo simulation". *J. Wood Sci.* **56**(4), 269-275.

石川敦子, 片岡 厚, 川元 スミレ, 松永 正弘, 小林 正彦, 木口 実 (2014):「塗装木材に関する屋外暴露試験と促進耐候性試験の相関」. 木材保存 **40**(2), 55-63.

井上徹志, 張篋墀, 池田彩花, 河野祥子, 勝山一朗, 山田昌郎, 金子 元, 渡部終五, 山田明徳, 工藤俊章 (2014):「フナクイムシ由来のセルロース分解菌の探索」. 木材保存 **40**, 261-268.

片岡 厚 (2017):「木材の気象劣化と表面保護 —— 気象劣化のメカニズム ——」. 木材保存 **43**(2), 58-68.

片岡 厚 (2018):「4.4 耐候処理」. 日本木材保存協会(編)『木材保存学入門(改訂 4 版)』所収, pp. 166-176.

木口 実 (2018):「2.4 気象劣化」. 日本木材保存協会(編)『木材保存学入門(改訂 4 版)』所収, pp. 87-102.

国土交通省住宅局建築指導課(監修) (2006):『木造住宅の耐震診断と補強方法』『木造住宅の耐震精密診断と補強方法(改訂版)』. 日本建築防災協会.

沢辺 攻 (1984):「木材の多孔構造と材質」. 木材工業 **39**(8), 361-366.

沢辺 攻 (1994):「壁孔構造とチロース」, 古野 毅, 沢辺 攻(編)『木材科学講座 2 　組織と材質』所収, 海青社, pp. 137-138.

茂山知己 (2018a):「保存処理方法とその効果」.『木材保存学入門(改訂 4 版)』所収, 公益社団法人日本木材保存協会編集・発行, pp. 141-157.

茂山知巳 (2018b):「深浸潤処理法」. 木材保存 **44**(3), 140-141.

澁谷 栄 (2008):「抽出成分による木材の生物劣化抵抗性」. 木材保存 **34**(2), 48-54.

森林総合研究所(監修) (2004):『木材工業ハンドブック改訂 4 版』, 丸善.

高部圭司 (2012):「木材の構造と薬液浸透」. 公益社団法人日本木材保存協会(編)『木材保存学入門』所収, pp. 10-12.

戸田正彦ら (2013):「構造用木質面材料の腐朽が釘接合せん断性能に及ぼす影響」. 木材学会誌 **59**(3), 152-161.

角田邦夫 (1997):「第 4 章第 4 節　海中用材の虫害」. 屋我嗣良, 河内進策, 今村祐嗣(編)『木材科学講座 12 保存・耐久性』所収, 海青社, pp. 104-107.

農林水産省 (2019):「JAS 1083　製材」.

日本規格協会 (2010):「JIS K 1571　木材保存剤 —— 性能基準及びその試験方法」.

日本規格協会 (2012):「JIS A 9002　木質材料の加圧式保存処理方法」.

日本規格協会 (2013):「JIS K 1570　木材保存剤」.

日本建築学会（2013）：「建築工事標準仕様書・同解説 JASS 18 塗装工事（第8版）」，（一社）日本建築学会，1-420.

日本建築学会（2022）：『既存木造建築物健全性調査・診断の考え方(案)（木質部材・接合部等)』．丸善出版．

日本木材保存協会（2022）：「木材保存剤の認定制度」．公益社団法人日本木材保存協会(編)『木材保存剤ガイドライン 改訂4版』所収，pp. 23-33.

日本木材加工技術協会(編)（2019）：『最新木材工業事典』．

日本木材保存協会(編)（2018）：『木材保存学入門 改訂4版』，日本木材保存協会．

農薬工業会（2017）：「殺虫剤の作用機構分類(IRAC による)」．https://www.jcpa.or.jp/labo/pdf/2017/mechanism_irac.pdf（2022年12月確認）.

福田清治ら（1997）：「木材の腐朽」．屋我嗣良，河内進策，今村祐嗣(編)『木材科学講座12 保存・耐久性』所収，海青社，pp. 63-82.

蒔田 章（2016）：「木材・木質材料の加圧式保存処理方法」．木材保存 **42**(3)，138-144.

宮内輝久（2019）：「防腐対策」．公益社団法人日本木材加工技術協会(編)『最新 木材工業事典』所収，pp. 129-130.

森 拓郎，田中 圭，毛利悠平，簗瀬佳之，井上正文，五十田 博（2016）：「シロアリ食害を受けた木材に打ち込まれた木ねじ接合部の残存耐力に関する研究」．日本建築学会構造系論文集 **81**(725)，113-120.

矢田茂樹（2021）：「木材中への液体浸透と細胞壁中への溶質拡散に関わる基礎研究を顧みて」，木材保存 **47**(1)，12-21.

吉田 誠（2018）：「腐朽の発生と進行」．日本木材保存協会(編)『木材保存学入門』所収，pp. 56-58.

吉村 剛，板倉修司，岩田隆太郎，大村和香子，杉尾幸司，竹松葉子，德田 岳，松浦健二，三浦 徹(編)（2012）：『シロアリの事典』，海青社．

## ● 19章

Brotherton, R.J. and Steinberg, H. (1964): "Progress in BORON CHEMISTRY, vol.2". Pergamon Press.

Harada, T., Hata, T. and Ishihara, S. (1998): "Thermal constants of wood during the heating process measured with laser flash method". *J. Wood Sci.* **44**(6), 425-431.

Harada, T., Uesugi, S. and Taniuchi, H. (2003): "Evaluation of fire-retardant wood treated with poly-phosphatic carbamate using a cone calorimeter". *Forest Prod. J.* **53**(6), 81-85.

Lyons, J.W. (1970): " The Chemistry and Uses of Fire Retardants", Wiley-Interscience, pp. 29-66.

Lyons, J.W. (1987): "The Chemistry and Uses of Fire Retardants", Robert E. Krieger Pub., Malabar, FL, 462p.

Parker, J.W. (1988): "Prediction of the heat release rate of wood" (Ph. D. thesis), George Washington Univ.

Schaffer, E.L. (1966): "Review of information related to the charring rate of wood", FPL-0145.

Tang, M.M. and Neill, W.K. (1964): "Thermal analysis of high polymers". *J. Polym. Sci.* C6, 65.

秋田一雄 (1974):『高分子の熱分解と耐熱性』, 神戸博太郎(編), 培風館, pp. 252-280.

浦上弘幸, 福山萬治郎 (1981):「木材の熱伝導率に及ぼす比重の影響」, 京都府立大学農学部演習林報告(25), 38-45.

加來千紘, 長谷見雄二, 安井 昇, 保川みずほ, 上川大輔, 亀山直央, 小野徹郎, 腰原幹雄, 長尾博文 (2014):「火災加熱が木材の力学的性能に及ぼす影響 —— 加熱した針葉樹材及び広葉樹材の高温時及び加熱冷却後のヤング係数・曲げ強度の測定 ——」, 日本建築学会構造系論文集 **79**(701), 1065-1072.

上川大輔 (2022):「木材の難燃処理と建築物の防耐火(その1)防耐火関連の用語の解説と木材の難燃化概要」. 木材保存 48(5), 224-228.

森林総合研究所(監修)(2004):『改訂4版木材工業ハンドブック』, 丸善, 1036p.

鈴木達朗, 加來千紘, 長谷見雄二, 上川大輔, 安井 昇, 亀山直央, 腰原幹雄, 長尾博文 (2015):「木材の含水率が高温時の力学的性能に及ぼす影響(その1)針葉樹(スギ)の高温時のヤング係数・曲げ強度の把握」. 日本建築学会大会講演梗概集 A, 135-138.

原田寿郎 (2004):「コーンカロリーメーターによる木材の燃焼性評価」. 木材工業 59(10), 454-457.

平田利美 (1995):「木材およびセルロースの熱分解速度論」. 木材学会誌 41(10), 879-886.

伏谷賢美, 岡野 健(編)(1991):『木材の科学・2 木材の物理』. 文永堂出版, 198p.

渡辺治人 (1978):『木材理学総論』. 農林出版, pp. 322-330.

# 索　引

日本木材学会では、『木材学用語集』の公開を予定しています。2023年4月より学会HP（www.jwrs.org）でアクセス可能です。本書の読者に限らず、どなたでも利用できます。

とくに、電子版では、主な索引用語をクリックすると『木材学用語集』の説明が表示され、頁ナンバーをクリックすると当該頁にジャンプするよう編集されています。

# あとがき

　近年、木材が環境や資源循環に関する課題に応えながら、生活資材としての役割を果たす重要な材料として再認識されつつあり、さらに新規な材料としての研究開発が進みつつある。このような状況のもと、新規に木材の分野に参入してくる人や団体も増える傾向にある。その一方で、木材に関する教育については、体制、人材や教材の面で、脆弱化しつつあるという危機感が関係者のなかで起きつつあった。

　このような事情を背景として木材学会では、2017年度以来木材教育委員会において、木材に関する基本的な教科書の発行を検討してきた。この事業は、当時の福島和彦会長が最重要課題として取り組み、2018年度には、基本企画をまとめるに至った。2019年度からはこの事業は船田 良会長に引き継がれたが、コロナ禍のため、2020年度には本事業は停滞せざるを得なかった。2021年度になって土川 覚会長のもと事業は再開し、2年をかけて、ようやく出版にこぎつけた。

　本書のタイトルの決定の際には、委員会内外の方々にご意見を頂き、「木材学」というキーワードが生まれた。これまで木材に関する専門書について「木材学」という名称を謳ったものは恐らくないと思われる。しかし、木材の研究・教育の中心的組織として活動する日本木材学会が、広く社会に木材に関する知識を体系的に提供する書籍として、ふさわしいと考え、あえて「木材学」という名称を、提案、採用させて頂いた。

　本書が関係者のお役にたてば望外の幸せである。

　最後に本書を出版するにあたり、木材教育委員各位には、編集や執筆についてご尽力を頂いた。また本書と連携して学会から公開される「木材学用語集」の編纂にあたっては、学会の各研究会の方々にご尽力いただいた。さらに海青社の宮内久氏および福井将人氏には、タイトなスケジュールの中、企画から出版まで多大なご苦労をおかけした。以上の方々に深甚な謝意を申し上げます。

2023年3月

木材教育委員会 委員長　藤井 義久

# 日本木材学会 木材教育委員会・執筆者一覧 (50音順)

## 委員長

## 藤 井 義 久

### 木材教育委員・編集委員

| 青木 謙治 | 北岡 卓也 | 仲村 匡司 | 藤本 清彦 |
| 浦木 康光 | 杉山 淳司 | 藤井 義久 | 吉田 誠 |

### 木材教育委員・執筆者 (2段目数字：執筆箇所、太字は編集箇所)

| 青木 謙治 | 東京大学大学院農学生命科学研究科<br>**10, 11, 19**, 10.1~2 | 高畠 幸司 | 琉球大学農学部<br>17.2 |
| 芦谷 竜矢 | 山形大学農学部<br>9 | 髙部 圭司 | 京都大学名誉教授<br>3.3 |
| 足立 幸司 | 秋田県立大学木材高度加工研究所<br>5.9 | 立花 敏 | 筑波大学生命環境系<br>1.1~2 |
| 安藤 恵介 | 東京農工大学大学院農学研究院<br>はじめに, 16 | 土川 覚 | 名古屋大学大学院生命農学研究科<br>はじめに, 16 |
| 五十嵐圭日子 | 東京大学大学院農学生命科学研究科<br>18.2 | 恒次 祐子 | 東京大学大学院農学生命科学研究科<br>1.3, 10.3 |
| 石川 敦子 | 森林総合研究所<br>10.4 | 寺本 好邦 | 京都大学大学院農学研究科<br>7.1 |
| 井道 裕史 | 森林総合研究所<br>11.1 | 半 智史 | 東京農工大学大学院農学研究院 |
| 稲垣 哲也 | 名古屋大学大学院生命農学研究科 | 仲村 匡司 | 京都大学大学院農学研究科<br>**5, 12**, 12.1~3 |
| 岩田 忠久 | 東京大学大学院農学生命科学研究科<br>7.2~3 | 原田 寿郎 | 森林総合研究所<br>19.1 |
| 内村 浩美 | 愛媛大学紙産業イノベーションセンター<br>8.1 | 藤井 義久 | 京都大学大学院農学研究科<br>序, 14, おわりに |
| 梅村 研二 | 京都大学生存圏研究所<br>15 | 藤澤 秀次 | 東京大学大学院農学生命科学研究科<br>8.2 |
| 浦木 康光 | 北海道大学大学院農学研究院<br>**6, 9**, 6.3 | 藤本 清彦 | 森林総合研究所<br>**1, 13~16**, 14 |
| 榎本有希子 | 東京大学大学院農学生命科学研究科<br>7.2~3 | 藤本 登留 | 九州大学大学院農学研究院<br>13 |
| 大村和香子 | 京都大学生存圏研究所<br>18.3 | 船田 良 | 東京農工大学大学院農学研究院<br>3.1~2 |
| 片岡 厚 | 森林総合研究所<br>18.4 | 細谷 隆史 | 京都府立大学大学院生命環境科学研究科<br>6.2 |
| 上川 大輔 | 森林総合研究所<br>19.2 | 堀川 祥生 | 東京農工大学大学院農学研究院 |
| 北岡 卓也 | 九州大学大学院農学研究院<br>**7, 8** | 松下 泰幸 | 東京農工大学大学院農学研究院 |
| 久保 智史 | 森林総合研究所<br>6.3 | 松原 恵理 | 森林総合研究所<br>12.4 |
| 神代 圭輔 | 京都府立大学大学院生命環境科学研究科<br>5.1~4 | 宮内 輝久 | 北海道立総合研究機構林産試験場<br>18.5 |
| 齋藤 継之 | 東京大学大学院農学生命科学研究科<br>8.2 | 宮藤 久士 | 京都府立大学大学院生命環境科学研究科<br>6.2 |
| 佐野 雄三 | 北海道大学大学院農学研究院<br>4 | 村田 功二 | 京都大学大学院農学研究科<br>5.5~8 |
| 渋沢 龍也 | 森林総合研究所<br>11.2~4 | 桃原 郁夫 | 森林総合研究所<br>8.1 |
| 清水 邦義 | 九州大学大学院農学研究院<br>9 | 森 拓郎 | 広島大学大学院先進理工系科学研究科<br>18.6 |
| 杉山 淳司 | 京都大学大学院農学研究科<br>**2, 3, 4**, 2.1 | 横山 朝哉 | 東京大学大学院農学生命科学研究科<br>6.1 |
| 高田 克彦 | 秋田県立大学木材高度加工研究所<br>2.2~3 | 吉田 誠 | 東京農工大学大学院農学研究院<br>**17, 18**, 17.1 |

## 一般社団法人　日本木材学会

　日本木材学会は、1955年に設立された日本学術会議協力学術研究団体です。本会は、「木材をはじめとする林産物に関する学術および科学技術の振興を図り、社会の持続可能な発展に寄与すること」を設立目的として2010年に一般社団法人化しました。木材学会誌やJournal of Wood Scienceの発行、学会賞等の顕彰制度、年次大会の開催に加え、支部活動（北海道、中部、中国・四国、九州）や研究会活動（17研究会）、メールマガジン「ウッディエンス」の配信、図書出版などを通して、木材に関する基礎および応用研究の推進と研究成果の社会への普及を図っています。

日本木材学会事務局　The Japan Wood Research Society
〒113-0023　東京都文京区向丘 1-1-17　タカサキヤビル 4F
E-mail: office@jwrs.org　　Web: www.jwrs.org

### ● 木材学用語集について

　日本木材学会では、本書巻末に収録された索引の用語を含む、総数約5,000語の木材に関する用語と、その解説を収録した『木材学用語集』を公開する予定です（2023年4月）。この用語集は学会のホームページで公開され、本書の読者に限らず、森林科学・林産学分野研究者、技術者や学生諸氏、さらに他分野の方々や行政関係者なども利用が可能です。

Wood Science ― Applications
edited by The Japan Wood Research Society

もくざいがく
## 木材学 ― 応用編 ―

本書のHP

| 発　行　日：2023年3月15日 初版第1刷 |
| 定　　　価：カバーに表示してあります |
| 編　　　集：一般社団法人 日本木材学会 |
| 発　行　者：宮　内　　久 |

海青社
Kaiseisha Press

〒520-0112　大津市日吉台2丁目16-4
Tel. (077) 577-2677 Fax (077) 577-2688
https://www.kaiseisha-press.ne.jp/
郵便振替　01090-1-17991

© The Japan Wood Research Society, 2023
ISBN978-4-86099-406-8　C3061　Printed in JAPAN.

カバーデザイン／（株）アチェロ